临沧市可持续发展议程创新示范区
山水林田湖草系统治理研究

创新示范区山水林田湖草系统治理评估指标体系与模式研究项目组 □ 编著

中国林业出版社
CFPH China Forestry Publishing House

图书在版编目（CIP）数据

临沧市可持续发展议程创新示范区山水林田湖草系统治理研究/创新示范区山水林田湖草系统治理评估指标体系与模式研究项目组编著. —北京：中国林业出版社，2023.9

ISBN 978-7-5219-2379-7

Ⅰ.①临…　Ⅱ.①创…　Ⅲ.①生态环境建设–研究–临沧　Ⅳ.①X321.2743

中国国家版本馆 CIP 数据核字（2023）第 190957 号

责任编辑：洪　蓉
封面设计：睿思视界视觉设计

出版发行　中国林业出版社
　　　　　（100009，北京市西城区刘海胡同 7 号，电话 83143564）
电子邮箱　cfphzbs@163.com
网　　址　http://www.cfph.net
印　　刷　北京中科印刷有限公司
版　　次　2023 年 9 月第 1 版
印　　次　2023 年 9 月第 1 次印刷
成品尺寸　170mm×240mm
印　　张　10.5
字　　数　220 千字
定　　价　85.00 元

本书著者

刘世荣　王登举　何友均

戴栓友　许单云　谢和生

何亚婷　王　鹏　陈科屹

王建军　张孝仙

前 言

　　实现可持续发展是全人类的共同追求。在 1992 年 6 月召开的联合国环境与发展大会上通过的《关于环境与发展的里约热内卢宣言》(简称《里约宣言》)、《21 世纪议程》中，首次提出了全球可持续发展战略。在 2000 年 9 月召开的联合国会议上，各国共同签署了《联合国千年宣言》，确立了面向 2015 年的"联合国千年发展目标"。2015 年 9 月召开的第 70 届联合国大会通过了《2030 年可持续发展议程》，确立了今后 15 年努力实现的可持续发展 17 项目标，谋求以综合方式解决全人类共同面临的社会、经济、环境等重大发展问题，推动全球走向可持续发展道路。

　　中国是可持续发展的重要推动者、引领者和践行者。早在 1994 年，我国就率先制定了《中国 21 世纪议程》，确立了中国可持续发展战略。进入新世纪，我国制定了《中国 21 世纪初可持续发展行动纲要》，明确了实施可持续发展战略的目标、基本原则、重点领域及保障措施。党的十八大以来，我国秉持创新、协调、绿色、开放、共享的新发展理念，把生态文明建设放在更加突出的位置，推动经济社会高质量发展，建设人与自然和谐共生的现代化，这些战略举措同 2030 年议程倡导的五大宗旨高度契合，为全球可持续发展贡献了中国智慧。

　　2016 年，国务院印发了《中国落实 2030 年可持续发展议程创新示范区建设方案的通知》，明确提出，通过示范区建设，积极向国内同类地区推广实践经验和系统解决方案，对其他区域形成辐射带动作用，搭建以科技创新驱动可持续发展为主题的交流合作平台，向世界提供可持续发展的中国方案。

　　2019 年，国务院同意临沧市以边疆多民族欠发达地区创新驱动发展为主题，建设国家可持续发展议程创新示范区，重点针对特色资源转化能力弱等瓶颈问题,集成应用绿色能源、绿色高效农业生产、林特资源高效利用、现代信息等技术,实施对接国家战略的基础设施建设提速、发展与保护并重的绿色产业推进、边境经济开放合作、脱贫攻坚与乡村振兴产业提升、民族文化传承与开发等行动,统筹各类创新资源,深化体制机制改革,探索适用技术路线和系统解决方案,形成可操作、可复制、可推广的有效模式,对边疆多民族欠发达地区实现创新驱动发展发挥示范效应,为落实 2030 年可持续发展目标提供实践经验。

生态兴则文明兴。生态环境是人类生存与发展的根基。山水林田湖草是相互依存、紧密联系的生命共同体。统筹山水林田湖草系统治理①,是新时代生态保护与修复的基本主线,是全面提升生态系统多样性、稳定性、持续性的根本途径,是深入贯彻习近平生态文明思想的重要举措,是建设人与自然和谐共生现代化的必然要求,也是建设国家可持续发展议程创新示范区的重要内容。

临沧市地处云南省西南部,与缅甸山水相连。习近平总书记多次对云南生态文明建设作出重要批示,提出要把云南建成我国“生态文明建设排头兵”。临沧区位优势明显、生态环境优良,全市森林覆盖率高达 70.2%,具备践行山水林田湖草系统治理理念、建成生态文明建设排头兵和国家可持续发展议程创新示范区的独特优势。

联合国 2030 可持续发展目标与我国统筹山水林田湖草系统治理的目标取向具有高度一致性。系统分析临沧市创新示范区生态保护修复现状及存在的主要问题,探索全面推进山水林田湖草系统治理的基本路径和有效模式,对于高质量推进生态保护修复、高水平建设国家可持续发展议程创新示范区具有重要意义。在云南省科技计划项目可持续发展议程创新示范区科技专项“创新示范区山水林田湖草系统治理评估指标体系与模式研究”(项目编号:202004AC100001-A08-4)的支持下,本书作者团队就临沧市可持续发展议程示范区山水林田湖草系统治理问题开展了系统研究。

本书共分为 9 章,各章具体内容如下:

---

① 党的十八大以来,我国生态系统治理的理念不断发展和深化,生命共同体的基本要素从“山水林田湖”逐步扩展到“山水林田湖草”、“山水林田湖草沙”、“山水林田湖草沙冰”。本书从临沧市的具体实际出发,除原文引用外,仍用“山水林田湖草系统治理”的表述。

1. 山水林田湖草系统治理与可持续发展。全面回顾可持续发展理念的提出及全球可持续发展进程、中国推进可持续发展的战略与行动，系统阐述山水林田湖草系统治理的科学内涵与治理实践，阐明统筹推进山水林田湖草系统治理对于实现联合国可持续发展目标、建设国家可持续发展创新示范区的重要意义。

2. 生态保护修复基线调查。通过文献资料收集整理、实地调研、座谈访谈、问卷调查等，结合临沧市国土资源三调数据，分析临沧市的自然和社会经济概况、山水林田湖草资源禀赋，总结生态保护修复的进展与成效，梳理当前存在的主要问题和制约因素，为全面推进山水林田湖草系统治理提供依据。

3. 生态风险评价与生态网络构建。基于遥感影像解析数据，提取临沧市土地类型及分布，以景观干扰度指数、脆弱度指数和损失度指数为表征，建立景观生态风险评价模型，对临沧市景观生态风险程度及其空间分布进行评价。以具有代表性且景观连通性较高的生态红线作为生态源地，基于最小累积阻力模型(MCR)提取生态廊道，在最小成本路径的交点增设生态节点，构建临沧市生态网络体系，为确定未来生态保护修复总体布局提供支撑。

4. 森林碳汇本底与潜力评估。基于临沧市森林资源管理一张图数据，综合运用碳汇造林项目、森林经营碳汇项目等现行的碳汇计量监测方法学，结合临沧市森林资源实际进行碳库选择和碳层划分，对临沧市森林碳汇本底状况进行测算，根据近三年森林资源生长情况以及不同树种的生长率等参数，对临沧市未来森林碳汇潜力进行预估。

5. 山水林田湖草系统治理评估指标体系研建。参考《2030 年联合国可持续发展目标》《中国落实 2030 年可持续发展议程国别方案》框架下的目标指标，以及《临沧市可持续发展规划》《临沧市国家可持续发展议程创新示范区建设方案》相关目标任务，根据示范区的生态系统保护修复实际情况，通过专家咨询和关键人物访谈等方法，研建体现生态环境改善、绿色产业发展、生态文化繁荣、体制机制创新的示范区山水林田湖草系统治理综合效益评估指标体系。

6. 山水林田湖草系统治理综合效益评估。基于研建的示范区山水林田湖草系统治理评估指标体系，以临沧市历年统计资料、规划、公报等官方权威数据以及调查问卷、重点访谈、实地调研等数据为基础，运用专家打分法、层次分析法、变异系数法、熵权法和组合赋权法等确定各指标权重，对示范区 2016—2020 年生态保护修复的综合效益进行实证评估。

7. 山水林田湖草系统治理动态考评方案设计。基于已建立的临沧市创新示范区山水林田湖草系统治理评估指标体系，充分考虑各县(区)生态保护修复工作职责任务等实际情况，在广泛征求各方面意见的基础上，研究建立临沧市山水林田湖草系统治理动态考评指标体系及相应的指标权重、打分规范，明确考评目标、考评对象、考评时段，提出考评工作机制、考评程序、结果运用和工作要求，以客观、公正、科学地评价各县(区)山水林田湖草系统治理工作进展和成效。

8. 山水林田湖草系统治理模式总结。挖掘示范区内山水林田湖草系统治理较为成功的案例和做法，借鉴国内外生态治理与可持续发展的经验，总结凝练提出"生态保护修复+农林产业发展"全流域协同治理、"政府以奖代补+社会资本投入"小流域综合治理开发、"生态系统修复+土地科学利用"矿山综合治理、"生态系统保护+特色文旅产业"社区可持续发展等可资借鉴推广的山水林田湖草系统治理有效模式。

9. 全面推进山水林田湖草系统治理的总体思路。根据基线调查和实证评估等研究结果，针对存在的突出问题，从示范区资源环境、经济社会发展以及生态保护修复实际需求出发，提出示范区山水林田湖草系统治理的指导思想、基本原则、目标设定、宏观布局、推进路径、重点任务和保障措施，为今后推进示范区山水林田湖草系统治理提供决策参考。

本书由刘世荣全面统筹，由王登举、何友均、戴栓友具体组织协调，由王登举对全书进行统稿和修改。各章节具体分工如下：第 1 章由王登举执笔；第 2 章由谢和生、张孝仙执笔；第 3 章和第 4 章由王建军执笔；第 5 章由许单云执笔；第 6 章由许单云、何亚婷执笔；第 7 章由陈科屹执笔；第 8 章由谢和生、何亚婷、陈科屹、张孝仙执笔；第 9 章由王登举、王鹏执笔。

在项目研究过程中，中国工程院张守攻院士，中国林业科学研究院储富祥院长、王军辉处长、史作民研究员，国家林业和草原局科技司刘庆新处长等给予多次指导，提供了宝贵的意见和建议。临沧市林业科学院杨玉春院长、罗国发副院长、万晓丽副院长、唐永奉研究员、刘世平所长，临沧市茶叶研究院杨建荣院长，临沧市林业和草原局、水务局等各部门及市辖各县（区）有关领导，在组织协调、资料提供、实地调研等诸多方面给予了大力支持。在本书付梓之际，一并表示衷心的感谢！

由于项目实施期间遭遇新冠疫情蔓延，导致实地调研不够全面、研究不够深入，加之研究团队水平有限，书中难免存在不足之处，敬请读者批评指正。

本书著者

2023 年 5 月

目 录 contents

第 1 章

山水林田湖草系统治理与可持续发展

实现可持续发展是全人类的共同追求。自 20 世纪 80 年代可持续发展的概念提出以来，国际组织和世界各国进行了不断探索和实践。中国作为世界上最大的发展中国家，始终是可持续发展的重要推动者、引领者和践行者，特别是党的十八大以来，在习近平生态文明思想指引下，以建设人与自然和谐共生的现代化为目标，深入践行绿水青山就是金山银山理念，扎实推进山水林田湖草系统治理，生态文明建设取得历史性成就，为全球可持续发展提供中国方案和中国智慧。

1.1　可持续发展的基本理念与国际进程

可持续发展(sustainable development)，是指既满足当代人的需要，又不对后代人满足其需求能力构成危害的发展(潘存德，1994a)。其核心思想是，追求经济社会发展与资源环境的协调一致，让子孙后代能够享受充分的资源和良好的环境。

早在 1980 年，世界自然保护联盟(IUCN)、联合国环境规划署(UNEP)、世界自然基金会(WWF)就在其共同发表的《世界自然保护大纲》中提出，必须研究自然的、社会的、生态的、经济的以及利用自然资源过程中的基本关系，以确保全球的可持续发展(吴长文等，1994)。1987 年，世界环境与发展委员会(WCED)在《我们共同的未来》报告中首次系统地阐述了可持续发展的概念，提出了促进环境与发展的协调统一、构建新型人与自然关系、实现可持续发展的行动建议(Brundtland G H，1992)。1989 年 5 月，联合国环境署第 15 届理事会通过了《关于可持续发展的声明》，首次将可持续发展写入联合国的正式文件。在 1992 年召开的联合国环境与发展大会上，进一步明确可持续发展是当今世界各国唯一可选择的发展模式(潘存德，1994b)。

人类社会的发展历史，就是一部人与自然的关系史。人类自诞生之日起，就没间断对自然资源的开发和利用。18 世纪起源于英国的工业革命，标志着人类社会进入现代工业文明新阶段。在工业文明进程中，特别是最近 100 年间，世界工业化迅猛发展，人类征服自然的能力达到极致，但是由于对自然无节制的掠取，加剧了生态环境恶化和资源耗竭，导致了森林减少、土地荒漠化、水土流失、洪水、干旱、生物多样性锐减、空气污染、酸雨蔓延、臭氧层空洞、全球气候变暖、冰川消融、雪线下降等一系列全球性生态危机。联合国《千年生态系统评估报告》显示，地球上近 2/3 的自然资源已经消耗殆尽，人类赖以生存的生态系统有 60% 正处于不断退化状态，一些生态系统所遭受的破坏已经无法得到逆转（张琦等，2006）。

面对一系列严重威胁全人类生存与发展的生态环境问题，国际上很多有识之士进行了积极探索，深刻反思人类工业文明的局限和弊端，探寻新的发展模式。1962 年，美国学者卡逊发表了《寂静的春天》，对传统工业文明造成环境破坏的问题提出了深刻反思。1972 年，罗马俱乐部发表了《增长的极限》，对西方工业化国家高消耗、高污染增长模式的可持续性提出了严重质疑。很多国际组织呼吁，地球再没能力支持不可持续的工业文明，人类必须寻求一条新的道路，重新定位人类与自然的关系，促进人与自然和谐，从而实现人类的可持续发展。如果要避免灾难，人类只有做出根本性的改变，真正转型为永久持续发展的社会。尽管地球面临着各类不可持续发展带来的压力，但我们还是拥有拯救家园的能力，这不仅仅是为了我们的利益，更是为了我们的子孙后代（朱启贵，1999）。

1992 年 6 月，联合国环境与发展大会（UNCED）在巴西里约热内卢召开，大会通过了《里约宣言》《21 世纪议程》《关于森林问题的原则声明》等重要文件，154 个国家签署了《气候变化框架公约》，148 个国家签署了《保护生物多样性公约》，实现可持续发展成为国际社会的共同行动。

在 2000 年 9 月召开的联合国会议上，189 个国家共同签署了《联合国千年宣言》，确立了面向 2015 年的 8 项全球发展目标，即联合国千年发展目标（millennium development goals，MDGs），消除贫困、提高可持续能力成为其中的重要目标。2002 年 8 月，联合国可持续发展世界首脑会议（又称为"里约+10"峰会）在南非约翰内斯堡召开，全面审视和评价 1992 年以来环境与发展大会所通过的《里约宣言》《21 世纪议程》等重要文件和主要环境公约的执行情况，并在此基础上就今后的工作形成面向行动的战略与措施，积极推进全球的可持续发展。会议认为，联合国环境与发展大会以来，可持续发展理念得到广泛传播，各国都作出了许多努力，但是《21世纪议程》等重要文件的执行情况并不良好，全球可持续发展的目标远未实现，全球的环境危机仍未得到扭转，必须重振全球可持续发展伙伴关系。会议通过了《约翰内斯堡执行计划》，在从环境与发展大会以来所取得的进展和经验教训的基础上，提出了更有针对性的办法、具体步骤以及可量化的、有时限的指标和目标(曾端祥，2005)。

2012年6月，联合国可持续发展大会(又称为"里约+20"峰会)再次在巴西里约热内卢召开，成为继1992年联合国环境与发展大会及2002年南非约翰内斯堡可持续发展世界首脑会议后，国际可持续发展领域举行的又一次大规模、高级别会议。会议提出，要重拾各国对可持续发展的承诺，评估目前我们在实现可持续发展过程中取得的成就与存在的不足，深刻认识绿色经济在可持续发展和消除贫困方面的作用，建立可持续发展的体制框架，共同面对不断出现的各类挑战。大会通过了《我们希望的未来》成果文件，各国再次承诺致力于可持续发展(陈迎，2014)。

2015年9月，举世瞩目的"联合国可持续发展峰会"在纽约联合国总部召开，会议通过了一份由193个会员国共同达成的成果文件，即《改变我们的世界——2030年可持续发展议程》(Transforming Our World: The 2030 Agenda for Sustainable Development)，确立了今后15年努力实现的17项可持续发展目标和169项具体目标，即联合国2030年可持续发展目标(sustainable development goals，SDGs)，旨在以综合方式解决全人类共同面临的社会、经济、环境等重大发展问题，推动全球走向可持续发展道路。

然而，联合国发布的《2023年可持续发展目标报告》显示，自SDGs提出以来，虽然在某些领域取得了进展，但更多目标的进展速度缓慢，超过30%的目标停滞不前，甚至倒退到2015年的基准线以下。更为重要的是，新冠疫情、区域冲突、全球政治经济格局的变化等严重阻碍了SDGs的实现，气候变化、环境恶化、资源枯竭等全球性挑战给SDGs的实现带来了越来越多的不确定性。目前，距离2030年仅有7年的时间，而世界仍未走上实现可持续发展目标的轨道，如果不改变现状，到2030年全世界可能无法实现大多数目标。落实《2030年可持续发展议程》需要有强烈的政治雄心，需要公平、和谐的国际环境，更需要世界各国的共同努力(傅伯杰等，2024)。

1.2 中国推进可持续发展的战略与行动

1992 年联合国环境与发展大会后，我国政府于 1994 年率先组织制定了《中国 21 世纪议程》，成为指导我国国民经济和社会发展的纲领性文件，开始了我国可持续发展的进程。为了全面推动可持续发展战略的实施，国务院于 2003 年 1 月印发了《中国 21 世纪初可持续发展行动纲要》（国发〔2003〕3 号），明确了 21 世纪初我国实施可持续发展战略的目标、基本原则、重点领域及保障措施，以保证我国国民经济和社会发展第三步战略目标的顺利实现。

2012 年 6 月，我国对外正式发布《2012 年中国可持续发展国家报告》，在总结可持续发展成就的基础上，明确了当前和今后一个时期我国进一步深入推进可持续发展战略的总体思路：一是把转变经济发展方式和对经济结构进行战略性调整作为推进经济可持续发展的重大决策；二是深入贯彻节约资源和环境保护基本国策，把建立资源节约型和环境友好型社会作为推进可持续发展的重要着力点；三是把保障和改善民生作为可持续发展的核心要求；四是把科技创新作为推进可持续发展的不竭动力；五是要把深化体制改革和扩大对外开放和合作作为推进可持续发展的基本保障（联合国可持续发展大会中国筹委会，2012）。

联合国《2030 年可持续发展议程》发布以后，我国全面启动了可持续发展议程落实工作。我国始终将发展作为第一要务，践行全面、协调、可持续的科学发展观，促进经济社会和人的全面发展。2016 年 4 月，我国发布《落实 2030 年可持续议程中方立场文件》，并作为主席国推动二十国集团制定《二十国集团落实 2030 年可持续发展议程行动计划》，得到国际社会高度评价。2016 年 9 月 19 日，国务院总理李克强在纽约联合国总部主持召开"可持续发展目标：共同努力改造我们的世界——中国主张"座谈会，并宣布发布《中国落实 2030 年可持续发展议程国别方案》。国别方案包括中国的发展成就和经验、中国落实 2030 年可持续发展议程的机遇和挑战、指导思想及总体原则、落实工作总体路径、17 项可持续发展目标落实方案等五部分，成为指导中国开展落实工作的行动指南，并为其他国家尤其是发展中国家推进落实工作提供借鉴和参考。

2017 年、2019 年、2021 和 2023 年，我国先后发布了四份《中国落实 2030 年可持续发展议程进展报告》，系统梳理了中国全面落实 2030 年议程举措、进展、面临的挑战，指出了差距，并对下一步工作进行规划安排，展现了我国践行新发展理念、实现高质量发展的决心和取得的成就。其中，2021 年的报告还增加了精准脱贫、创新引领发展、生态文明建设、乡村振兴、共建"一带一路"等对 2030 年议程具有突出贡献的实践案例，提供了鲜活的中国经验，为其他国家落实 2030 年议程提供有益借鉴。

建设可持续发展议程创新示范区，是我国落实联合国 2030 可持续发展目标、探索可持续发展路径、创新可持续发展模式的重要举措。早在 1986 年，我国就启动了社会发展综合示范试点工作。1992 年 5 月，原国家科委和原国家体改委共同发出了《关于建立社会发展综合实验区的若干意见》，社会发展综合实验区建设全面展开。从 1994 年 3 月开始，实验区工作中心转向可持续发展，要求各实验区率先建成实施《中国 21 世纪议程》和可持续发展战略的基地。1997 年 12 月，"社会发展综合实验区"更名为"国家可持续发展实验区"。截至 2014 年 3 月，全国已经建立国家可持续发展实验区 189 个，遍及全国 90% 以上的省、市和自治区。各实验区按照可持续发展的要求，在大城市改造、小城镇建设、社区管理、环境保护及资源可持续利用、资源型城市发展、旅游资源可持续开发与保护等方面进行了积极探索，总结出不同类型地区经济、社会和资源环境协调发展的机制和模式，为推进国家可持续发展战略提供示范样板，也为推动《中国 21 世纪议程》积累了丰富的经验。

2016 年 12 月，国务院印发了《中国落实 2030 年可持续发展议程创新示范区建设方案》，提出以国家可持续发展实验区工作为基础，创建 10 个左右国家可持续发展议程创新示范区，打造一批可复制、可推广的可持续发展示范样板。创新示范区建设以习近平新时代中国特色社会主义思想为指导，完整、准确、全面贯彻新发展理念，加快构建新发展格局，深入实施创新驱动发展战略和可持续发展战略，紧紧围绕联合国 2030 年可持续发展议程和《中国落实 2030 年可持续发展议程国别方案》，坚持"创新理念、问题导向、多元参与、开放共享"的原则，探索以科技为核心的可持续发展问题系统解决方案，为中国破解新时代社会主要矛盾、落实新时代发展任务做出示范并发挥带动作用，为全球可持续发展提供中国经验。

2018 年 2 月，国务院批准太原、桂林和深圳三个城市为首批创新示范区。其中，太原以"资源型城市转型升级"为主题，重点针对水污染与大气污染等问题探索系统解决方案。桂林以"景观资源可持续利用"为主题，重点针对喀斯特石漠化地区生态修复和环境保护等问题探索系统解决方案。深圳以"创新引领超大型城市可持续发展"为主题，重点针对资源环境承载力和社会治理支撑力相对不足等问题探索系统解决方案。

2019 年 5 月，国务院批准郴州、临沧、承德为第二批创新示范区。其中，郴州以"水资源可持续利用与绿色发展"为主题，重点围绕重金属污染防治、水资源高效利用不足等问题探索系统解决方案。临沧以"边疆多民族欠发达地区创新驱动发展"为主题，重点围绕特色资源转化能力弱等瓶颈问题探索系统解决方案。承德以"城市群水源涵养功能区可持续发展"为主题，重点围绕水源涵养功能不稳固、精准稳定脱贫难度大两大瓶颈问题探索系统解决方案。

2022 年 7 月，国务院批准鄂尔多斯、徐州、湖州、枣庄、海南藏族自治州为第三批创新示范区。其中，鄂尔多斯以"荒漠化防治与绿色发展"为主题，重点针对生态建设产业化程度低、资源型产业链条短等问题探索系统解决方案。徐州以"创新引领资源型地区中心城市高质量发展"为主题，重点针对传统工矿废弃地可持续利用难度大、要素供给结构性矛盾制约新老产业接续等问题探索系统解决方案。湖州以"绿色创新引领生态资源富集型地区可持续发展"为主题，重点针对生态资源为支撑的绿色转型步伐不够快、支持高水平均衡发展的治理能力有待提升等问题探索系统解决方案。枣庄以"创新引领乡村可持续发展"为主题，重点针对农业资源价值实现不充分、乡村发展要素集聚能力不足等问题探索系统解决方案。海南藏族自治州以"江河源区生态保护与高质量发展"为主题，重点针对生态本底脆弱与生态保护战略需求矛盾突出、产业基础薄弱与民生持续改善需求矛盾突出等问题探索系统解决方案。

创新示范区建设采取政府、社会等多利益攸关方共同参与的机制。在组织机制上，成立了科技部牵头，外交部、国家发展改革委、生态环境部等 20 部门组成的部际联席会议机制，负责对创新示范区建设的指导和管理，并结合自身职责，围绕创新示范区建设主题，在科技支撑、政策先行先试等方面支持创新示范区建设。11 个市(州)政府作为创新示范区建设的主体，均成立了由分管省领导牵头，相关省直部门负责人、示范区所在地政府主要负责同志任成员的示范区建设领导小组，形成了上下联动、协同推进的工作格局。社会参与方面，包括有关国际组织、科研院所、高校、企业、非政府组织等在内的社会各界积极参与创新示范区建设，形成了多元参与、共建共享的局面。

1.3　国际上关于生态综合治理的理论探索

为从根本上扭转地球生态环境日益恶化的局面，运用综合手段加快修复退化生态系统，促进经济社会与资源环境的协调发展，推动实现全人类可持续发展目标，世界各国以及有关国际组织、专家学者就生态系统治理的理论、模式等进行了不懈探索。特别是随着生态学和生态系统理论研究的深入，人们开始尝试利用整体论、系统论的理念和方法管理并利用自然资源，探索环境保护和资源可持续利用途径，生态综合治理的理念和方法逐渐成为国际环境政策和治理实践的重要方向和内容，环境、生态准则逐渐纳入国家社会经济发展准则中，生态综合治理得到了许多生态系统管理部门的支持。目前，国际上具有代表性的生态综合治理理论主要包括综合生态系统管理(IEM)、可持续土地管理(SLM)和基于自然的解决方案(NbS)等，这些理论得到了国际社会的广泛认可，并通过国际组织实施的生态治理与可持续发展项目进行推广和应用(罗宾·康迪斯·克雷格，2017)。

1.3.1　综合生态系统管理(IEM)

综合生态系统管理(integrated ecosystem management，IEM)，是管理自然资源和自然环境领域的一种综合性管理战略和方法，要求综合对待生态系统的各组成成分，综合考虑生态系统的多种服务功能，综合采用多学科的技术和方法，综合运用行政、市场和社会的调整机制，来解决生态系统内各类资源的利用、生态保护和生态退化的问题，以达到创造和实现经济的、社会的和环境的多元惠益，实现人与自然的和谐共处(任海，邬建国等，2000)。

在联合国环境规划署、联合国粮食与农业组织、全球环境基金、亚洲开发银行等国际组织和机构实施的社区发展项目中，都曾经应用综合生态系统管理的理念和方法，为指导和支持生态保护修复，促进社区经济社会可持续发展做出积极贡献。从2004年起，全球环境基金启动了旨在推动中国综合生态系统治理，把政策、法律、规划、行动、管理与技术支持等有机地统一和协调起来，并在中国西部的新疆、青海、甘肃、宁夏、内蒙古、陕西等地区，实施了减少贫困、抑制土地退化和恢复干旱生态系统的中国-全球环境基金伙伴关系项目，通过10多年的不断探索和实践，项目取得了显著成效，为我国西部地区实现土地退化零增长目标作出了积极贡献。

1.3.2　可持续土地管理(SLM)

可持续土地管理(sustainable land management，SLM)，强调土壤、水、

动物和植物等土地资源的可持续发展，在满足不断变化的人类需求的同时，确保土地资源的长期生产潜力和环境功能维持。1993年联合国粮食与农业组织发表了《可持续土地管理评价纲要》，阐明了可持续土地管理的5个目标，也是可持续土地管理的标准和支柱，任何可持续土地管理的评价都基于这些目标和原则。《可持续土地管理评价纲要》提出，可持续土地管理要将技术、政策以及旨在把社会经济原则和环境问题相结合的活动整合起来，同时要达到以下5个目标：①保持、提高生产和服务(生产性)；②降低生产风险(安全性)；③保护自然资源潜力和防止水土退化(保护性)；④确保经济上是可行的(可行性)；⑤确保社会上是可以接受的(可接受性)。

可持续土地管理有关研究最早是1976年联合国粮食与农业组织出版的《土地评价纲要》，但当时并没有形成可持续土地管理理念，直到20世纪90年代初才不断出现概念描述。但目前难以给可持续土地管理提出一个量化的定义，也正因此增加了可持续土地管理方法的灵活性和概念的弹性，使它可以在不同层次和尺度上应用，以解决不同的问题。其中联合国欧洲经济委员会在更广泛的环境中使用可持续土地管理这一术语，它涵盖了从环境和经济角度将土地作为一种资源进行管理的所有活动，包括耕作、采矿、地产管理，以及城镇和农村的空间规划。随着气候变化问题越来越受到国际社会的关注，适应和应对气候变化成为可持续土地管理的前沿，澳大利亚和新西兰都同意将可持续土地管理作为应对气候变化的政府计划内容。德国联邦教育和研究部自2010年起资助了一个可持续土地管理的国际研究项目，其任务之一就是研究土地管理、气候变化和生态系统服务之间的相互作用(陈洁，叶兵等，2022)。

1.3.3　基于自然的解决方案(NbS)

基于自然的解决方案(nature-based solutions，NbS)是近年来在应对气候变化和可持续发展领域的新理念，并逐渐受到国际社会的广泛关注和认可。特别是进入21世纪以来，世界银行、世界自然保护联盟、世界自然基金会等组织将基于自然的解决方案作为一种全新的理念进行推广，作为保护、可持续管理和修复生态系统的行动，进行了广泛实践(陈洁等，2023)。

国际自然保护联盟(IUCN)将基于自然的解决方案定义为：保护、可持续管理和恢复自然生态系统和改良生态系统的行动，以有效和适应性地应对社会挑战，同时提供人类福祉和生物多样性利益。同时，提出了基于自然的解决方案8大准则及28项指标，倡导依靠自然的力量和基于生态系统的方法，应对气候变化、防灾减灾、粮食安全、水安全、生态系统退化和生物多样性丧失等社会挑战。联合国环境大会第五次会议根据 IUCN 的定义和原则，通过了其全球定义：基于自然的解决方案是指对生态系统加以保护和修复，并对其进行可持续管理，从而使生态系统造福人类的行动。这些行动可能会减缓气候变化、推动经济发展、提高粮食安全、改善人类健康状况或增强人类抵御自然灾害的能力。

基于自然的解决方案强调重新认识和了解自然生态系统、更加合理地利用自然生态系统，摒弃人类进入工业社会以来形成的以技术手段破坏自然并获取自然资源的单向思维方式，更加注重以自然力量取代人工技术，顺应自然规律、依靠自然力量，实现自然资源的可持续利用。基于自然的解决方案有五个方面的特点：一是服务于经济、社会、生态等多重目标；二是以生态保护修复为前提，为维护生物多样性和生态系统服务为基本任务，制定长期稳定方案；三是作为创新型和综合性治理手段，可单独实施或与其他生态化工程技术手段协同实施；四是因地制宜，以跨学科、专业和知识为支撑，便于交流复制和推广；五是可应用于多维空间尺度，与陆地和海洋景观有机结合。

在理论研究和实践探索的过程中，基于自然的解决方案的理论方法体系也逐步成熟。有的学者依据生态系统退化及人类干预的程度，探索出了生态系统修复的五种模式：即再野化（rewilding）、康复（rehabilitation）、重建（reconstruction）、复垦（reclamation）、替代（replacement）等多种模式。有的学者提出了基于自然的解决方案的三种途径：一是通过尽量减少对生态系统的干预，更好地保护利用生物多样性和自然生态系统；二是修复和调整现有的生态系统，以提升和更好地提供特定的生态系统服务；三是创建和管理新的（人工）生态系统，例如一些生态工程、绿色屋顶等（杨锐，曹越，2019）。

基于自然的解决方案与山水林田湖草系统治理在理念、目标、方法等方面具有高度契合性。2021 年 6 月，中国自然资源部与世界自然保护联盟（IUCN）在北京联合举办发布会，发布了《IUCN 基于自然的解决方案全球标准》中文版、《IUCN 基于自然的解决方案全球标准使用指南》中文版，以及《基于自然的解决方案中国实践典型案例》。官厅水库流域治理、贺兰山生态保护修复、云南抚仙湖流域治理、内蒙古乌梁素海流域保护修复、钱塘江源头区域保护修复、江西婺源乡村建设、东北黑土地保护性利用、重庆城市更新、广西北海陆海统筹生态修复、深圳湾红树林湿地修复等 10 个典型案例，对我国乃至全球基于自然的解决方案本地化应用具有示范和借鉴作用。

1.4 山水林田湖草系统治理的科学内涵与治理实践

党的十八大以来，以习近平同志为核心的党中央深刻总结人类文明发展规律，将生态文明建设纳入中国特色社会主义"五位一体"总体布局和"四个全面"战略布局，提升到建设社会主义现代化强国、实现中华民族伟大复兴的战略高度。习近平总书记围绕生态文明建设提出了一系列新理念、新思想、新战略，形成了完整、系统、科学的习近平生态文明思想体系。

统筹推进山水林田湖草系统治理，是习近平生态文明思想的重要内容。2013 年 11 月，习近平总书记在党的十八届三中全会上关于《中共中央关于全面深化改革若干重大问题的决定》的说明中，首次提出了"山水林田湖是一个生命共同体"的重要论断。2017 年 10 月，习近平总书记在党的十九大报告中进一步提出"统筹山水林田湖草系统治理"，并纳入习近平新时代中国特色社会主义基本方略。2020 年 8 月，习近平总书记在主持召开中共中央政治局会议，审议《黄河流域生态保护和高质量发展规划纲要》时指出，要贯彻新发展理念，遵循自然规律和客观规律，统筹推进山水林田湖草沙综合治理、系统治理、源头治理(中共中央宣传部，生态环境部，2022)。2022 年 10 月，习近平总书记在党的二十大报告中明确提出，要推进美丽中国建设，坚持山水林田湖草沙一体化保护和系统治理，提升生态系统多样性、稳定性、持续性。从"山水林田湖"到"山水林田湖草"，再到"山水林田湖草沙"，这一生命共同体的内容更加完整，内涵更加丰富，要素更加全面，治理更加综合，充分体现了对自然生态系统客观规律认识的不断深化，从更大尺度、更广视角为我国生态治理提供了新理念、新思想和新方法。

统筹推进山水林田湖草系统治理，蕴含着深刻的生态学基本原理。习近平总书记指出，山水林田湖草是一个生命共同体。人的命脉在田，田的命脉在水，水的命脉在山，山的命脉在土，土的命脉在树和草。生态是一个统一的自然系统，是各种自然要素相互依存而实现循环的自然链条。要按照生态系统的整体性、系统性及其内在规律，统筹考虑自然生态各要素、山上山下、地上地下、陆地海洋以及流域上下游，进行整体保护、系统修复、综合治理，增强生态系统循环能力，维护生态平衡。这些论述，是对自然生态系统内在规律的精辟概括，深刻揭示了整体与部分、系统与要素之间的辩证关系，充分体现了生态学的原理和要求。在自然界，任何生物群落都不是孤立存在的，生物之间、生物与环境之间总是相互联系、相互作用的，共同形成一种统一的、动态平衡的有机整体，这个有机整体就是生态系统。生态系统中的个体、种群、群落相互之间，个体、种群、群落与系统之间，系统与系统之间，系统与环境之间，通过物质循环（物质流）、能量交换（能量流），构成完整的链条，保持着密切的联系。健康的生态系统是稳定的、可持续的，在时间上能够维持它的组织结构和自治（生态平衡），也能够维持对胁迫的恢复力。推进山水林田湖草系统治理，必须充分考虑山水林田湖草生命共同体的结构特征，统筹考虑森林、草原、农田、湿地、河流、湖泊等各个子系统，重视个体、群落、环境之间以及不同要素之间的内在联系，注重山水林田湖草生命共同体整体功能的全面增强，追求多系统之间的高度协同；必须遵循生态学基本原理，尊重自然规律，从针对单一生态系统、单一要素的治理转向统筹多个生态系统、全要素的综合治理；必须立足更加宏观的治理尺度、更加长远的时间跨度、更加综合的系统维度，突出生态修复空间布局的合理性、理论和方法的科学性、任务和目标的综合性（刘世荣等，2022）。

统筹推进山水林田湖草系统治理，体现了科学的系统论思想方法。习近平总书记多次强调，要用系统论的思想方法看问题，从系统工程和全局角度寻求新的治理之道。生态系统是一个有机生命体，应该统筹治水和治山、治水和治林、治水和治田、治山和治林等。如果种树的只管种树、治水的只管治水、护田的只管护田，很容易顾此失彼，最终造成生态的系统性破坏。生态保护和修复不能各管一摊、相互掣肘，而必须统筹兼顾、整体施策、多措并举（中共中央文献研究室，2017）。2023 年 6 月，习近平总书记在内蒙古巴彦淖尔考察并主持召开加强荒漠化综合防治和推进"三北"等重点生态工程建设座谈会时再次强调，要坚持系统观念，扎实推进山水林田湖草沙一体化保护和系统治理；要统筹森林、草原、湿地、荒漠生态保护修复，加强治沙、治水、治山全要素协调和管理，着力培育健康稳定、功能完备的森林、草原、湿地、荒漠生态系统；要强化区域联防联治，打破行政区域界限，实行沙漠边缘和腹地、上风口和下风口、沙源区和路径区统筹谋划，构建点线面结合的生态防护网络。这些论述，充分体现了系统论的观点，为我国生态治理提供了科学的方法论。统筹山水林田湖草系统治理，就是要突出生态治理的系统性、全面性和综合性，把山水林田湖草生命共同体作为一个完整的系统，正确把握系统内部各要素之间的相互关系，充分考虑系统的整体性、层次性、开放性、稳定性和自组织性，坚持系统治理、综合治理、源头治理、协同治理、科学治理。这就需要从过去的专项治理工程转向区域工程、综合工程转变，从部门主导转向国家主导转变，建立全国一盘棋的大统筹、大协同的全新格局。

统筹推进山水林田湖草系统治理，是新时代新征程生态保护修复的基本主线。党的十八大以来，在习近平生态文明思想的指引下，我国生态保护修复实现历史性转变，统筹山水林田湖草系统治理已经从认识走向实践，从治理理念转变为国家行动（王登举，2022）。2015 年 9 月，中共中央、国务院颁发的《生态文明体制改革总体方案》中明确提出，要树立尊重自然、顺应自然、保护自然的理念，树立发展和保护相统一的理念，绿水青山就是金山银山的理念，自然价值和自然资本的理念，空间均衡的理念，山水林田湖是一个生命共同体的理念。山水林田湖是一个生命共同体，成为生态文明理念的重要组成。2015 年 10 月，党的十八届五中全会提出了"实施山水林田湖生态保护和修复工程"的重大举措，并纳入了国家经济社会发展"十三五"规划。2020 年 10 月党的十九届五中全会通过的《中共中央关于制定国民经济和社会发展第十四个五年规划和二〇三五年远景目标的建议》和 2021 年 3 月十三届全国人大四次会议表决通过的《国民经济和社会发展第十四个五年规划和 2035 年远景目标纲要》明确提出，要坚持山水林田湖草沙系统治理，着力提高生态系统自我修复能力和稳定性，守住自然生态安全边界，促进自然生态系统质量整体改善。2020 年 6 月，国家发展改革委、自然资源部印发《全国重要生态系统保护和修复重大工程总体规划（2021—2035 年）》，明确了山水林田湖草沙一体化保护和修复的总体布局、重点任务、重大工程和政策举措。此后又编制了 9 个与之配套的专项建设规划，形成了完整的"多规合一"的山水林田湖草系统治理规划体系。党的二十大，对新时代新征程生态保护修复作出了全面部署，明确提出，要坚持山水林田湖草沙一体化保护和系统治理，加快实施重要生态系统保护和修复重大工程，推进以国家公园为主体的自然保护地体系建设，实施生物多样性保护重大工程，科学开展大规模国土绿化行动，推行草原森林河流湖泊湿地休养生息，提升生态系统碳汇能力。由此可见，统筹山水林田湖草系统治理已经成为新时代新征程我国生态保护修复的基本主线。

为深入践行山水林田湖草生命共同体理念，从 2016 年开始，我国相继启动实施了"山水林田湖草生态保护修复工程试点"和"山水林田湖草沙一体化保护和修复工程"(统称为"山水工程")。在工程布局上,确立了"三区四带"工程总体布局,将生态治理工程从针对森林、草原、湿地、荒漠等生态系统的单项工程,调整为以区域治理为主的综合性工程,统筹考虑生态系统的完整性和自然地理单元的连续性,强化系统治理、综合治理、源头治理。在治理措施上,发布了《山水林田湖草生态保护修复工程指南(试行)》,坚持按照生态系统演替的内在机理来配置保护和修复、自然和人工、生物和工程等措施。

　　"十三五"期间,在重点生态地区分三批遴选了 25 个"山水林田湖草生态保护修复工程试点"项目,涉及 24 个省(自治区、直辖市),覆盖了约 111 万平方千米的国土面积,中央财政投入奖补资金共计 360 亿元。其中,第一和第二批的 11 个项目各 20 亿元,第三批的 14 个项目各 10 亿元(表 1-1)。"云南抚仙湖山水林田湖草生态保护修复工程"为第二批试点工程(专栏 1-1)。

表 1-1　"十三五"山水林田湖草生态保护修复工程试点项目

批　次	项　目　名　称
2016 年批准实施 第一批 5 个试点	河北京津冀水源涵养区山水林田湖草生态保护修复工程 江西赣南山水林田湖草生态保护修复工程 陕西黄土高原山水林田湖草生态保护修复工程 甘肃祁连山山水林田湖草生态保护修复工程 青海祁连山山水林田湖草生态保护修复工程
2017 年批准实施 第二批 6 个试点	吉林长白山山水林田湖草生态保护修复工程 福建闽江流域山水林田湖草生态保护修复工程 山东泰山山水林田湖草生态保护修复工程 广西左右江流域山水林田湖草生态保护修复工程 四川华蓥山山水林田湖草生态保护修复工程 云南抚仙湖山水林田湖草生态保护修复工程
2018 年批准实施 第三批 14 个试点	河北雄安新区山水林田湖草生态保护修复工程 山西汾河中上游山水林田湖草生态保护修复工程 内蒙古乌梁素海流域山水林田湖草生态保护修复工程 黑龙江小兴安岭—三江平原山水林田湖草生态保护修复工程 浙江钱塘江源头区域山水林田湖草生态保护修复工程 河南南太行地区山水林田湖草生态保护修复工程 湖北长江三峡地区山水林田湖草生态保护修复工程 湖南湘江流域和洞庭湖山水林田湖草生态保护修复工程 广东粤北南岭山区山水林田湖草生态保护修复工程 重庆长江上游生态屏障山水林田湖草生态保护修复工程 贵州乌蒙山区山水林田湖草生态保护修复工程 西藏拉萨河流域山水林田湖草生态保护修复工程 宁夏贺兰山东麓山水林田湖草生态保护修复工程 新疆额尔齐斯河流域山水林田湖草生态保护修复工程

资料来源:中华人民共和国财政部网站(2019)

专栏 1-1　抚仙湖流域山水林田湖草生态保护修复工程试点

　　云南省抚仙湖流域山水林田湖草生态保护修复工程作为国家第二批山水林田湖草生态保护修复工程试点，项目总投资 97.28 亿元，其中中央财政奖补资金 20 亿元。项目聚焦水生态安全的重大挑战，利用基于自然的解决方案，扭转了生态系统退化趋势，逐步恢复生物多样性，构建了生态服务功能良好的社会—经济—自然复合生态系统，成为山水林田湖草生命共同体的活样板。

　　一、明确水生态修复目标：降低污染风险，确保Ⅰ类水质

　　抚仙湖由于其独特的低纬高原构造，动态水流少，其换水周期理论值超过 200 年，生态系统十分脆弱，湖水一旦污染，极难恢复。2002 年，抚仙湖曾大面积暴发蓝藻，水质由Ⅰ类降为Ⅱ类。属于抚仙湖流域的星云湖蓝藻水华频发，水质重度污染，一度降为劣Ⅴ类水。在抚仙湖山区，矿山开采、高坡耕种等人类活动，造成山区森林植被覆盖率下降、磷矿山污染及水土流失；在坝区，农业生产过程中过量用水和使用化肥造成污染严重，耕地复种指数高达 400%；在环湖带，鱼塘、耕地等挤占湖滨缓冲带，湿地过滤功能降低；同时，外来物种入侵及天然产卵场所遭到人为活动影响，抚仙湖土著鱼类资源枯竭，威胁生物多样性。

　　二、制定分类保护和治理措施

　　抚仙湖流域生态保护修复以完整的流域为对象进行生态保护修复总体规划，在优化流域生态、农业、城镇空间布局的基础上，开展农村居民点和工矿企业搬迁、畜禽养殖场关停、污水管网污水处理厂建设、入湖河流污染治理等先导工程。在此基础上，考虑入湖污染源的实际情况，布局 4 个保护修复治理单元及 41 个子项目，在山上、坝区、湖滨带和水体分别采取修山扩林、水污染防控、污染过滤以及保护治理措施。

　　1. 山上修山扩林。为强化山区水源涵养与水土保持功能，因地制宜采取必要措施。在退耕还林方面，按照适地适树、乡土树种优先原则，开展退耕还林 4.05 万亩。在石漠化治理方面，对 6.3 万亩石漠化区进行恢复治理，种植适宜类型的植被，在林下种植适宜石漠化地区生长且有经济价值的作物。在矿山生态修复方面，流域内主要矿山类型有磷矿、黏土砖石场、石灰岩采石场等，对 44 个约 6000 亩矿山废弃地进行生态恢复。

　　2. 调整坝区农业产业结构。为有效削减农业面源污染，开展抚仙湖径流区耕地休耕轮作和产业结构调整，流转大水大肥蔬菜种植，种植烤烟等节肥节药型作物以及水稻等具有湿地净化功能的水生作物，发展绿色农业。对抚仙湖坝区常年种植蔬菜的 5.8 万亩耕地全部进行了土地流转；星云湖径流区 2019 年调减蔬菜种植面积 6100 余亩。通过项目实施，每年纯氮可减少 78.9%，纯磷减少 63.63%，每年节水率达到 41%。

　　3. 湖滨缓冲带建设。为提升湖滨缓冲带的污染过滤功能，在完成缓冲带内 8400 亩退田还湖和村庄搬迁的基础上开展缓冲带规模化生态修复工程、环湖低污染水净化工程和已建河口湿地与湖滨带优化工程。其中，缓冲带规模化生态修复工程根据不同区域湖岸坡度、土地利用方式等差异，在湖滨宽 100 米不等的范围内种植当地基础树种以及灌木与草本植物，构建乔-灌-草复合系统，并开展鱼类保护区及鸟类栖息地建设、缓冲带功能展示区及宣传教育基地建设工程、湖滨清理及沙滩保护等工程。

　　4. 湖体保护治理。抚仙湖流域土著鱼种类不断减少，外来鱼种类不断增加。据调查，1983—2015 年的土著鱼减少了 11 种，降幅 44%；外来鱼增加了 17 种，增幅 167%。为此，抚仙湖流域湖体保护治理工作主要是生境保护与土著鱼类增殖放流。在这项工作中重点保护栖息地沉水植物，对栖息地遭到破坏的区域采用本土物种的沉水植物进行恢复；同时，通过设置碎石堆、沙砾区等方法模拟鱼类偏好的活动场所恢复底质，并对鱼类产卵场的溶洞出水口进行保护，对底质破坏处进行底质修复。此外，在抚仙湖特有鱼类国家级水产种质资源保护区内的划分小水域每年投放一定数量的种鱼。

三、项目取得显著成效

通过基于自然的解决方案的实施，抚仙湖项目在扭转生态系统退化趋势及实现绿色高质量发展等方面取得了显著成效。

生态恶化的风险降低，生态系统退化趋势扭转。2016 年至 2020 年上半年，抚仙湖水质稳定保持 I 类，抚仙湖透明度和溶解氧分别上升了 19%、7%，国控、省控水质监测断面达标率保持 100%；星云湖水质由劣 V 类改善为 V 类，综合污染指数分别下降了 61.7%、51.4%、37.0%、24.4%、33.6%，国控、省控水质监测断面达标率从 16.7% 提高到 66.7%。林业植被恢复 74 平方千米，治理水土流失面积 6.73 平方千米。抚仙湖流域森林覆盖率从 34.95% 提高到 39.25%，林业蓄积量增加 39%；星云湖流域森林覆盖率从 43.64% 提高到 45.65%，林业蓄积量增加 10%。

生物多样性逐步恢复。经调查统计，抚仙湖湖体挺水植物增加到 12 种，消失 20 多年的鱇浪白鱼鱼汛重现抚仙湖；星云湖渔获物产量由 2017 年的 2300 吨增加到 2019 年的 2570 吨。2019 年 3 月在抚仙湖北岸和星云湖国家湿地公园监测到濒临绝迹的国家二级保护野生动物彩鹮 25 只，"两湖"流域已成为鸟类的栖息地和越冬场，区域内动物种群丰富，生物多样性得到明显提升。此外，增殖放流也一定程度上抑制蓝藻水华，氮磷污染物通过固态方式带走，进而实现削减湖内污染物的效果，估算带走湖内污染物总氮 70 吨/年、总磷 9 吨/年。

促进了一二三产业融合，实现绿色高质量发展。抚仙湖项目区严格按照农业产业规划布局和种植标准，发展生态苗木、荷藕、蓝莓、水稻、烤烟、小麦、油菜等节水节药节肥型高原特色生态绿色循环农业；工矿企业全部退出抚仙湖径流区，重新布局在径流区之外的工业园区，加快工业转型升级，稳定发展特色食品加工业和物流产业；打造集"医、学、研、康、养、旅"为一体的综合产业集群，推动生态文化旅游产业持续发展，群众生产生活方式从农业劳动向旅游服务转变。

资料来源：中国自然资源报，2021-01-27

"十四五"期间，在总结试点经验的基础上继续推进"山水林田湖草沙一体化保护和修复工程"，到 2022 年底已经确定支持两批共 19 个项目。2023 年启动实施第三批 7 个项目（表 1-2）。根据《重点生态保护修复治理资金管理办法》规定，重点生态保护修复治理资金采取项目法分配。对于工程总投资 10 亿元到 20 亿元（不含 20 亿元）的项目，中央财政奖补 5 亿元；工程总投资 20 亿元到 50 亿元（不含 50 亿元）的项目，中央财政奖补 10 亿元；工程总投资 50 亿元及以上的项目，中央财政奖补 20 亿元。

根据自然资源部国土空间生态修复司有关统计数据，"十三五"和"十四五"期间部署实施的 51 个"山水工程"已经累计完成治理面积 8000 多万亩，有效提升了青藏高原、黄河流域、长江流域等重点区域、重要生态系统的多样性、稳定性、持续性。根据相关计划，到"十四五"末将再完成修复面积 3000 万亩以上，保护修复总面积将超过 1.1 亿亩。同时，还扎实推进矿山生态修复工程，完成历史遗留矿山生态修复近 435 万亩；实施海洋生态保护修复工程，推进蓝色海湾整治行动、海岸带保护修复工程、红树林保护修复专项行动，整治修复海岸线 2000 千米，修复滨海湿地 60 万亩。目前，我国红树林面积已达 43.8 万亩，比 21 世纪初增加了约 10.8 万亩，我国成为世界上少数几个红树林面积净增加的国家(朱隽,常钦,2023)。

"云南洱海流域山水林田湖草沙一体化保护和修复工程"是"十四五"第二批山水林田湖草沙一体化保护和修复工程项目,也是继抚仙湖项目之后云南省第二个获国家支持的山水工程项目。项目批复总投资53.8亿元,其中中央财政支持20亿元。项目围绕构建"一屏一带一核一区多廊"总体生态安全格局,打造建设四个"一"体系,即:坚持"一核心"(以水为核心目标),管住"一源头"(坝区农业面源、城乡生活等污染源),建好"一通道"(入湖清水通道),构建"一循环"(生产、生活、生态自然良性生态循环系统),共划分6个保护修复单元,部署6大类重点工程,在大理市、洱源县、大理经济发展区布局28个子项目,计划在3年内完成保护修复面积42859.58公顷,解决区域内水土资源粗放利用、入湖清水通道受损退化、洱海湖泊水质不稳等问题,使流域生物多样性得到恢复,受损退化山体、湖泊、湿地得到修复和治理,流域水环境质量持续提升,湖体和湿地的生态环境持续向好,人居环境条件显著改善。项目已于2023年2月正式启动,进入实质性实施建设阶段(赵子忠,2023)。

表1-2 "十四五"山水林田湖草沙一体化保护和修复工程项目

批 次	项目名称
2021年批准实施第一批10个项目	辽宁辽河流域山水林田湖草沙一体化保护和修复工程
	贵州武陵山区山水林田湖草沙一体化保护和修复工程
	广东南岭山区韩江中上游山水林田湖草沙一体化保护和修复工程
	内蒙古科尔沁草原山水林田湖草沙一体化保护和修复工程
	福建九龙江流域山水林田湖草沙一体化保护和修复工程
	浙江瓯江源头区域山水林田湖草沙一体化保护和修复工程
	安徽巢湖流域山水林田湖草沙一体化保护和修复工程
	山东沂蒙山区域山水林田湖草沙一体化保护和修复工程
	新疆塔里木河重要源流区山水林田湖草沙一体化保护和修复工程
	甘肃甘南黄河上游水源涵养区山水林田湖草沙一体化保护和修复工程
2022年批准实施第二批9个项目	河南秦岭东段洛河流域山水林田湖草沙一体化保护和修复工程
	云南洱海流域山水林田湖草沙一体化保护和修复工程
	湖北长江荆江段及洪湖山水林田湖草沙一体化保护和修复工程
	广西桂林漓江流域山水林田湖草沙一体化保护和修复工程
	四川黄河上游若尔盖草原湿地山水林田湖草沙一体化保护和修复工程
	重庆三峡库区腹心地带山水林田湖草沙一体化保护和修复工程
	江苏南水北调东线湖网地区山水林田湖草沙一体化保护和修复工程
	陕西秦岭北麓主体山水林田湖草沙一体化保护和修复工程
	湖南长江经济带重点生态区洞庭湖区域山水林田湖草沙一体化保护和修复工程

续表

批　次	项目名称
2023年批准实施 第三批7个项目	首都西部生态屏障区山水林田湖草沙一体化保护和修复工程项目 海南南部典型热带区域山水林田湖草沙一体化保护和修复工程项目 青海青藏高原生态屏障区东部湟水流域山水林田湖草沙一体化保护和修复工程项目 山西黄河重点生态区吕梁山西麓山水林田湖草沙一体化保护和修复工程项目 宁夏黄河流域六盘山生态功能区山水林田湖草沙一体化保护和修复工程项目 吉林鸭绿江重要源流区山水林田湖草沙一体化保护和修复工程项目 河北白洋淀上游流域山水林田湖草沙一体化保护和修复工程项目

资料来源：中华人民共和国财政部网站（2023）

1.5　示范区开展山水林田湖草系统治理的重要意义

统筹推进山水林田湖草系统治理，是生态治理理念的重大创新，是生态治理模式的深刻革命，对于深入贯彻落实习近平生态文明思想、建设人与自然和谐共生的中国式现代化、更好地满足人民群众对良好生态环境的需求、高水平推进可持续发展创新示范区建设，具有极其重要的战略意义。

统筹推进山水林田湖草系统治理，是深入贯彻习近平生态文明思想的重要举措。习近平生态文明思想是习近平新时代中国特色社会主义思想的重要组成部分，是立足新时代生态文明建设实践创造形成的重大理论成果，具有丰富的思想内涵和完整的理论体系，包含着一系列具有原创性、时代性、指导性的重大思想观点，系统阐释了人与自然、保护与发展、环境与民生、国内与国际等一系列重大关系，深刻回答了新时代生态文明建设的一系列重大理论与实践问题，是建设社会主义生态文明的科学指引和强大思想武器（王铁柱，2021）。统筹山水林田湖草系统治理，是习近平生态文明思想的重要内容。习近平总书记指出，生态环境是人类生存最为基础的条件，是我国持续发展最为重要的基础。强化山水林田湖草系统治理，是建设多样、稳定、可持续的自然生态系统的必经之路，在生态文明建设中具有重要的基础性地位。贯彻落实习近平生态文明思想，就是要把山水林田湖草生命共同体理念贯穿于生态保护修复的全过程，牢固树立系统观念，统筹生态系统各种要素，实行整体保护、系统修复、综合治理。针对我国生态治理中存在的突出问题，必须从实现人与自然和谐共生的长远目标出发，从建设生态文明、美丽中国的全局出发，深怀对大自然的敬畏之心、守护之心，以系统思维和整体观念统筹推进山水林田湖草系统治理，要算大账、算长远账、算整体账、算综合账，保护好、建设好自然生态系统，促进绿水青山转化为金山银山，为人民提供更多的生态福祉，走出一条生产发展、生活富裕、生态良好的生态文明之路。

统筹推进山水林田湖草系统治理，是建设人与自然和谐共生现代化的根本要求。党的二十大，确立了新时代新征程中国共产党的使命任务，明确提出从现在起，中国共产党的中心任务就是团结带领全国各族人民全面建成社会主义现代化强国、实现第二个百年奋斗目标，以中国式现代化全面推进中华民族伟大复兴。二十大报告进一步指出，中国式现代化，是中国共产党领导的社会主义现代化，既有各国现代化的共同特征，更有基于自己国情的中国特色。中国式现代化是人口规模巨大的现代化、全体人民共同富裕的现代化、物质文明和精神文明相协调的现代化、人与自然和谐共生的现代化、走和平发展道路的现代化。中国式现代化的本质要求是：坚持中国共产党领导，坚持中国特色社会主义，实现高质量发展，发展全过程人民民主，丰富人民精神世界，实现全体人民共同富裕，促进人与自然和谐共生，推动构建人类命运共同体，创造人类文明新形态。在 2023 年 7 月召开的全国生态环境保护大会上，习近平总书记着眼强国建设、民族复兴新征程，从"持续深入打好污染防治攻坚战""加快推动发展方式绿色低碳转型""着力提升生态系统多样性、稳定性、持续性""积极稳妥推进碳达峰碳中和""守牢美丽中国建设安全底线""健全美丽中国建设保障体系"六个方面，系统部署了全面推进美丽中国建设的战略任务和重大举措，为进一步加强生态环境保护、推进生态文明建设提供了方向指引和根本遵循。人与自然和谐共生，是中国式现代化的中国特色和本质要求。建设中国式现代化，必须坚持尊重自然、顺应自然、保护自然，牢固树立和践行绿水青山就是金山银山的理念，站在人与自然和谐共生的高度谋划发展。统筹山水林田湖草系统治理，是全面提升生态系统多样性、稳定性、持续性的根本途径，是实现绿色发展、促进人与自然和谐共生的重要基础，这是建设社会主义现代化国家的内在要求。

统筹推进山水林田湖草系统治理，是满足人民对良好生态环境需要的重要途径。习近平总书记指出，生态环境是关系党的使命宗旨的重大政治问题，也是关系民生的重大社会问题；良好生态环境是最公平的公共产品，是最普惠的民生福祉；环境就是民生，青山就是美丽，蓝天也是幸福；发展经济是为了民生，保护生态环境同样也是为了民生(中共中央文献研究室，2017)。

这一系列的重要论述，充分彰显了习近平生态文明思想的基本民生观。改革开放 40 多年来，我国经济得到持续快速发展，经济总量已经位列全球第二，但同时也积累了一系列的生态环境问题，重污染天气、黑臭水体等一度成为民心之痛、民生之患，环境问题成为最迫切的民生问题之一。随着生活水平的不断提高，中国的老百姓越来越注重生活的品质，从过去的"盼温饱"到现在的"盼环保"，从过去的"求生存"到现在的"求生态"，人们对良好生态环境的需求越来越迫切，干净的水、清新的空气、优美的环境已经成为人民幸福生活的重要前提，绿水青山已经成为金山银山所不能替代的刚需。统筹推进山水林田湖草系统治理，是从根本上解决生态环境问题、高质量推进美丽中国建设的重要途径，也是为人民群众提供更多优质生态产品、更好满足人民群众日益增长的优美生态环境需要的重要途径。

统筹推进山水林田湖草系统治理，是引领全球生态治理新方向的中国智慧。2013 年 3 月，国家主席习近平在俄罗斯莫斯科国际关系学院发表演讲时，首次面向世界提出人类命运共同体理念。十年来，人类命运共同体理念的内涵不断丰富、理论体系不断完善、影响力和感召力日益凸显，为应对全球挑战、共创人类美好未来提供了中国方案。习近平总书记着眼于人类可持续发展，提出了共谋全球生态文明之路、共同构建地球生命共同体、共建万物和谐的美丽家园、共建清洁美丽世界等一系列重要倡议和主张，成为构建人类命运共同体的绿色路径。这些倡议和主张既符合世界绿色发展的必然趋势，也符合各国人民的共同意愿，彰显了习近平生态文明思想的世界意义和中国作为全球生态文明建设的重要参与者、贡献者、引领者的大国担当（中共中央宣传部，教育部，2023）。无论是物种与物种之间，还是人与自然、人与人之间，都是命运共同体。将山水林田湖草沙生命共同体、人类命运共同体、人与自然命运共同体相结合，这是生态治理理念的重大创新。随着世界各国工业化进程不断加快，地球生态系统遭到巨大破坏，森林减少、土地退化、气候变化等生态环境问题成为制约经济社会可持续发展、威胁人类生存的全球性重大问题，保护生态环境、实现可持续发展成为国际社会共同目标。为此，世界各国以及相关国际组织都进行了积极探索，先后提出了综合生态系统管理、可持续土地资源管理、基于自然的解决方案等一系列理论和方法。但总体来看，这些理论和方法在生态治理中的实际应用非常有限，实践成果并不显著。全面推进山水林田湖草系统治理，是生态治理理念的创新、生态治理模式的革命，也为全球生态治理提供了新思路、新方法、新途径。2022 年 12

月，中国的"山水林田湖草沙一体化保护和修复工程"被评选为联合国首批十大"世界生态恢复旗舰项目"，作为生态系统保护修复的最佳、最具前景的案例，供全世界学习和借鉴。

统筹推进山水林田湖草系统治理，是建设可持续发展创新示范区的重要抓手。习近平总书记指出，生态兴则文明兴，生态衰则文明衰。生态环境是人类生存和发展的根基，生态环境变化直接影响文明兴衰演替。保护自然环境就是保护人类，建设生态文明就是造福人类。只有尊重自然规律，才能有效防止在开发利用自然上走弯路。这是对西方发达国家以资本为中心、经济增长优先、物质主义膨胀、先污染后治理的现代化发展道路的批判与超越。中国建设人与自然和谐共生现代化的目标，与联合国2030可持续发展目标具有高度的一致性。统筹山水林田湖草系统治理的终极目标，就是追求生态系统格局的科学性、生态系统结构的多样性稳定性持续性、生态系统服务功能的高效性，创造更加优美、安全、健康、稳定的生态环境，提供更加丰富、多样、优质、持续的物质产品和生态产品，这是实现可持续发展的重要基础，同时也与联合国2030可持续发展目标高度一致。在《2030年可持续发展议程》中，将应对气候变化、追求经济社会发展与资源环境的协调性作为重要目标。在森林生态（目标15）方面，从保护、恢复和促进可持续利用陆地生态系统、可持续管理森林、防治荒漠化、制止和扭转土地退化、遏制生物多样性的丧失等多个角度，全面设定了战略目标与指标。临沧市作为国家可持续发展创新示范区，统筹推进山水林田湖草一体保护和系统治理，必将为实现联合国2030可持续发展目标提供有益借鉴和宝贵经验。

第2章

生态保护修复基线调查

开展生态保护修复基线调查的目的，是全面客观地把握临沧市生态保护修复的基础条件、基本状态，分析取得的成效和存在的主要问题，为后续研究奠定基础。在临沧市林业科学院及市相关部门、各区县的大力配合下，项目组广泛收集了相关文献资料，并多次赴临沧市各区县开展调研，通过座谈访谈、实地考察、发放调查问卷等方式，对临沧市自然条件、经济社会发展、生态保护修复等基本情况有了较为系统的了解。其中，土地利用状况及山水林田湖草资源情况，主要以第三次全国国土调查数据为依据。

2.1 基本概况

2.1.1 自然条件

临沧市位于云南省西南边境，介于东经 98°40′—100°32′，北纬 23°04′—25°02′之间，北回归线横穿辖区南部，东邻普洱市，北连大理白族自治州，西接保山市，西南与缅甸交界，地处澜沧江与怒江之间，因濒临澜沧江而得名，国土面积 2.36 万平方千米。

2.1.1.1 区位优势

临沧市是南方丝绸之路和茶马古道上的重要节点，具有独特的区位优势。全市有 3 个县与缅甸接壤，边境线长 290.79 千米，有 3 个国家级开放口岸、19 条贸易通道、13 个边民互市点和 5 条通缅公路。临沧向东，经建设中的玉临高速公路至文山至广西防城港，连接珠江经济圈；向西，从临沧清水河口岸出境，经缅甸腊戍到皎漂港，是中国进入印度洋最近的陆上通道；向北，经大临铁路至大理至四川攀枝花，连接长江经济带进入渝新欧国际大通道；向南，经陆路或澜沧江—湄公河航线出境，进入大湄公河次区域，连接海上丝绸之路。临沧是东西连接太平洋和印度洋国际通道，南北连接渝新欧国际大通道、长江经济带和海上丝绸之路"十字构架"的中心节点，是云南五大出境通道之一，也是中国陆上连接太平洋、印度洋最近的通道。

2.1.1.2 地形地貌

临沧市分属澜沧江、怒江两大水系，境内山脉属横断山系怒山、云岭两大山脉，山区面积占总面积 97%，可谓全境皆山。地形总趋势由东北向西南倾斜，呈中部高四周低。其中，西北、西南走向的老别山和邦马山两大主脉，从东到西、从南到北纵横交错有 50 多座海拔 2000 米以上的山峰，最高海拔为永德大雪山 3504 米，最低点南汀河出境处河谷海拔 450 米。

2.1.1.3 自然气候

临沧市属低纬山地季风气候，干季(11 月至次年 4 月)受大陆干暖气团控制，雨季(5~10 月)受湿热的南亚和东亚海洋气团交替影响。具有四季温差小，冬无严寒，夏无酷暑，光照充足；干湿季分明，冬干夏湿，雨水充沛；立体气候显著，天气变化复杂，具有"一山分四季，十里不同天"的气候特点。全市多年平均气温 16.2~23.5℃；境内霜期较短，多年平均霜期 76 天。全市年日照时数 1800~2250 小时，一般坝区河谷年日照 2000 小时左右，山区年日照时数为 2250 小时左右。沧源、耿马孟定镇、镇康勐捧镇为多雨区，年降雨量 1500~1750 毫米；云县、双江和临翔为较少雨区，年降雨量 920~1600 毫米。境内依海拔差异分布有北热带、南亚热带、中亚热带、北亚热带、南温带、中温带六个气候带，气候资源丰富，利于动植物生长。

2.1.1.4 土壤类型

临沧市土壤类型较多，境内有 10 个土类，19 个亚类，72 个土属，348 个土种。由于受地形、气候、植被等影响，土壤分布具有鲜明特征：

(1)规律性垂直分布 由低海拔至高海拔依次分布有砖红壤、赤红壤、红壤、黄壤、黄棕壤和亚高山草甸土等 6 个土类。其中，砖红壤主要分布在海拔 800 米以下，面积占 2.3%；赤红壤主要分布在海拔 800~1300 米，约占 20.3%；红壤分布在海拔 1300~2100 米，占 48.4%；黄壤分布在海拔 2100~2400 米，占 14.5%；黄棕壤分布在海拔 2400~3000 米，占 4.0%；亚高山草甸土分布在海拔 3000~3504 米，约占 0.06%(表 2-1)。

表 2-1 临沧市土壤类型垂直分布表

土壤名称	海拔分布(米)	占比(%)
砖红壤	<800	2.3
赤红壤	800~1300	20.3
红壤	1300~2100	48.4
黄壤	2100~2400	14.5
黄棕壤	2400~3000	4.0
亚高山草甸	3000~3504	0.06

(2)无规律性非地带性分布 包括紫色土、水稻土、红色石灰土、潮土,其中紫色土主要在凤庆、云县、双江、镇康、永德有零星分布,占 4.1%;水稻土全市均有分布,约占 3.6%;红色石灰土分布在耿马、镇康、永德、沧源的山区,约占 2.6%;潮土主要分布于河流两岸的河漫滩,占 0.09%。

2.1.2 社会经济状况

(1)行政区划 临沧市下辖 1 区 4 县 3 个民族县,分别是临翔区、凤庆县、云县、永德县、镇康县、双江拉祜族佤族布朗族傣族自治县(简称双江县)、耿马傣族佤族自治县(简称耿马县)、沧源佤族自治县(简称沧源县)。

(2)人口情况 第七次全国人口普查结果(2020 年 11 月 1 日),全市总人口(常住人口)为 2257991 人。其中,居住在城镇的人口为 792078 人,占总人口的 35.08%;居住在乡村的人口为 1465913 人,占总人口的 64.92%。与 2010 年的第六次全国人口普查相比,城镇人口增加 66385 人,乡村人口减少 237899 人,城镇人口比重提高 5.21 个百分点。在 8 个县区中,云县人口最多,沧源县人口最少。与上次人口普查结果相比,只有凤庆县城镇人口出现减少,其余区县均有增加,其中临翔区城镇人口增加最快,增长 13.22%(表 2-2)。

表 2-2 临沧市各县区常住人口变化情况

行政区域	第六次人口普查		第七次人口普查		城镇人口增长率(%)
	人口数(万人)	城镇化率(%)	人口数(万人)	城镇化率(%)	
全 市	242.95	29.87	225.79	35.08	5.21
云 县	44.95	28.57	38.92	33.21	4.64
凤庆县	45.83	30.67	38.54	27.75	-2.92
临翔区	32.37	43.90	37.10	57.12	13.22
永德县	36.97	23.03	32.87	24.38	1.35

续表

行政区域	第六次人口普查		第七次人口普查		城镇人口增长率(%)
	人口数(万人)	城镇化率(%)	人口数(万人)	城镇化率(%)	
耿马县	29.63	32.40	28.57	34.70	2.3
镇康县	17.64	21.85	17.29	31.75	9.9
双江县	17.65	27.52	16.48	34.60	7.08
沧源县	17.91	25.89	16.03	32.96	7.07

注：本表数据来源于第六次和第七次人口普查结果。

(3)经济发展 2022年，全市地区生产总值(GDP)1000.24亿元，按可比价口径计算比上年增长4.7%(图2-1)。其中，第一产业增加值307.33亿元，增长5.0%；第二产业增加值261.81亿元，增长7.7%；第三产业增加值431.10亿元，增长2.7%。一、二、三次产业比重由2012年30.5∶42.7∶26.9调整为30.7∶26.2∶43.1(图2-2)。2022年，全市完成农林牧渔业总产值475.98亿元，比上年增长5.6%。其中，农业产值297.24亿元，增长6.4%；林业产值23.73亿元，增长2.2%；牧业产值128.59亿元，增长4.7%；渔业产值10.83亿元，增长2.5%；农林牧渔服务业产值15.59亿元，增长6.9%。此外，全市人均GDP为44723元，比上年增长5.1%；全市居民人均可支配收入22502元，比上年增长5.7%；城镇常住居民人均可支配收入35021元，增长3.9%；农村常住居民人均可支配收入15194元，增长7.0%。

(4)交通状况 全区有沧源、耿马、镇康三个县与缅甸接壤，国境线长290.791千米，有1个国家一类开放口岸，2个国家二类开放口岸，19条贸易通道、13个边民互市点和5条通缅公路。临沧民用机场是云南省建成的第十个民用机场，临沧是通往缅甸仰光的最便捷陆路通道。其中，孟定口岸以秀美的亚热带风光被誉为"黄金边城"。从临沧孟定清水河口岸出境，距缅甸腊戍148千米，距缅甸第二大城市曼德勒457千米，昆明经临沧出境至缅甸仰光公路里程仅1892千米。全区有澜沧江、怒江、黑惠江、小黑江、南汀河、勐波河6条江河流域43道渡口。截至2019年底，全市公路通车里程达到1.83万千米，同比增长7.0%；完成公路客运量901万人，比上年下降14.3%，旅客周转量82214万人·千米，下降15.3%；货运量4935万吨，比上年增长17.8%，货物周转量359112万吨·千米，增长16.0%；完成航空客运量80.7万人次，增长33.3%。

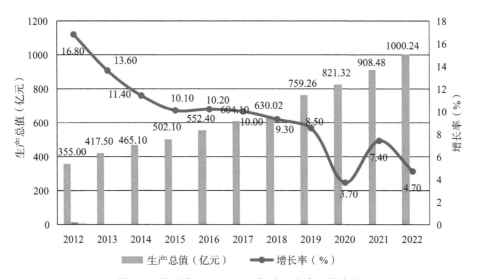

图 2-1 临沧市 2012—2022 年地区生产总值变化

数据来源：临沧市国民经济与社会发展统计公报(各年度版)

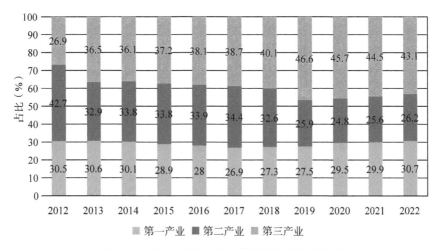

图 2-2 临沧市 2012—2022 年三次产业比重变化

数据来源：临沧市国民经济与社会发展统计公报(各年度版)

（5）民族文化 全市有 3 个民族自治县，耿马县和沧源县是全国最大的佤族聚居县，镇康县是全国第二大德昂族聚居地。全市有 23 个少数民族(其中 11 个世居少数民族)，少数民族人口 99.15 万人，占户籍人口的 41.4%。其中，佤族人口 24.4 万人，约占全国佤族人口的 60%。临沧是佤文化的荟萃之地，以佤文化为代表的少数民族文化多姿多彩，沉淀着古滇濮文化、百越文化、氐羌文化、中原文化的多样基因。借助资源优势，临沧推出了"世界佤乡好地方·避暑避寒到临沧"的品牌，连续举办亚洲微电影艺术节，打造了云县澜沧江啤酒狂欢节、凤庆红茶节、永德杜果节、镇康国际"阿数瑟"山歌会、耿马泼水节、青苗节、沧源佤族司岗里"摸你黑"狂欢节、佤山风情美食节等系列节庆文化活动。

（6）文化旅游　全市有全国重点文物保护单位 7 处、省级文物保护单位 8 处、市级文物保护单位 89 处、县（区）级文物保护单位 164 处。全市 A 级旅游景区总数达 29 家，旅游资源 500 多处。2020 年在新冠疫情影响的情况下，全市接待海内外旅游者人数仍达到 1882.15 万人次，实现旅游总收入 185.31 亿元。

2.2　山水林田湖草资源

2.2.1　土地利用现状

根据第三次全国国土调查结果，临沧市地类总体构成情况（表 2-3）为：林地面积最大，共 1382989.61 公顷，占总面积的 58.55%；耕地面积 378774.31 公顷，占总面积的 16.04%；种植园用地面积 288355.74 公顷，占总面积的 12.21%；草地面积 37532.86 公顷，占总面积的 1.59%；水域及水利设施用地

表 2-3　临沧市土地资源类型统计表

序号	土地资源类型	面积（公顷）	比例（%）
1	全市总计	2362448.70	100.00
2	林地	1382989.61	58.55
3	耕地	378774.31	16.04
4	种植园用地	288355.74	12.21
5	其他土地	173078.26	7.33
6	城镇村及工矿用地	55090.84	2.33
7	草地	37532.86	1.59
8	水域及水利设施用地	29159.32	1.23
9	交通运输用地	14555.18	0.62
10	湿地	2409.77	0.09
11	水工建筑用地	502.81	0.02

面积 29159.32 公顷，占总面积的 1.23%；湿地面积 2409.77 公顷，占总面积的 0.09%；城镇村及工矿用地面积 55090.84 公顷，占总面积的 2.33%；交通运输用地面积 14555.18 公顷，占总面积的 0.62%；水工建筑用地面积最小，为 502.81 公顷，仅占总面积的 0.02%；其他土地(包括裸土地、裸岩石砾地等)面积 173078.26 公顷，占总面积的 7.33%。

2.2.2　林地资源

根据 2020 年度土地调查，全市林地面积 1382989.61 公顷，占各类土地总面积的 58.55%；其中乔木林面积 1252839.6 公顷，占林地面积的 90.59%。在 8 个区县中，林地面积最大的是耿马县，其次是云县，林地面积均在 20 万公顷以上，其他各区县林地资源分布比较均衡(表 2-4)。

表 2-4　临沧市各区县林地面积统计表

公顷

行政区域	合计	乔木林地	竹林地	灌木林地	其他
全　市	1382989.61	1252839.60	24108.86	84193.48	21847.67
耿马县	206477.51	189471.49	4454.49	11761.03	790.50
云　县	203369.33	166725.43	1329.10	23113.72	12201.08
凤庆县	178658.30	162007.15	1156.34	14873.88	620.93
临翔区	175373.16	166170.27	2228.14	6480.69	494.06
永德县	164544.95	149389.26	3808.58	11246.74	100.37
沧源县	162695.17	148023.57	4468.41	6982.11	3221.08
镇康县	155190.39	140012.53	4153.85	7873.84	3150.17
双江县	136680.80	131039.90	2509.95	1861.47	1269.48

2.2.3　草地资源

根据 2020 年度土地调查，全市草地面积 37532.86 公顷。其中，天然和人工牧草地都较少；其他类型的草地面积较大，共 36087.01 公顷，占全市草地总面积的 96%。八个区县中，永德县的草地面积最大，10972.03 公顷，占全市草地面积的 29.23%；最少的是沧源县，只有 788.89 公顷，占总面积的 2.10%(表 2-5)。

表2-5 临沧市各区县草地面积统计表

公顷

行政区域	合计	天然牧草地	人工牧草地	其他草地
全 市	37532.86	1445.19	0.66	36087.01
永德县	10972.03	0.00	0.00	10972.03
凤庆县	7293.29	0.00	0.00	7293.29
镇康县	5723.40	1414.03	0.00	4309.37
耿马县	4904.60	12.55	0.00	4892.05
云 县	4551.99	0.00	0.25	4551.74
临翔区	2153.28	18.61	0.41	2134.26
双江县	1145.38	0.00	0.00	1145.38
沧源县	788.89	0.00	0.00	788.89

2.2.4 湿地资源

根据2020年度土地调查，全市湿地面积为2049.77公顷，均为内陆滩涂湿地类型。其中，云县的湿地面积最大，为535.13公顷，占全市湿地总面积的26.11%；最少的是双江县，为27.07公顷，仅占1.32%（图2-3）。

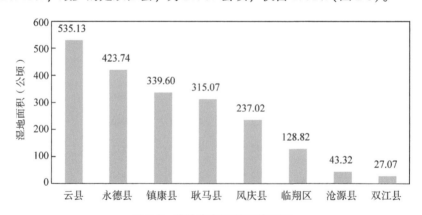

图2-3 临沧市各区县湿地面积

2.2.5 耕地资源

根据2020年度土地调查，全市耕地面积为378774.31公顷。耕地类型以旱地为主，面积为335317.1公顷，占全市耕地总面积的89%。在八个区县中，云县的耕地面积最大，为71663.41公顷；作为主城区的临翔区的耕地面积最小，仅22795.35公顷（表2-6）。

表 2-6　临沧市各区县耕地面积统计表

公顷

行政区域	合计	水田	水浇地	旱地
全　市	378774.31	34673.06	8784.15	335317.10
云　县	71663.41	7737.78	303.82	63621.81
耿马县	68421.17	2210.29	6847.25	59363.63
永德县	62007.50	2725.72	639.07	58642.71
凤庆县	50257.32	1652.03	45.52	48559.77
镇康县	38262.87	3987.76	290.09	33985.02
沧源县	32735.40	7119.02	290.78	25325.60
双江县	32631.29	2951.33	205.49	29474.47
临翔区	22795.35	6289.13	162.13	16344.09

2.2.6　种植园用地资源

根据 2020 年度土地调查，全市种植园用地总面积为 288355.74 公顷。其中茶园面积最大，达 129769.18 公顷，占比 45%；其次是果园和橡胶园(除凤庆县没有橡胶园外，其他各区县均有分布)。耿马县的种植园用地面积最大，为 56489.67 公顷；双江县最少，仅有 21041.01 公顷(表 2-7)。

表 2-7　临沧市各区县种质园用地面积统计表

公顷

行政区域	合计	果园	茶园	橡胶园	其他园地
全　市	288355.74	82131.41	129769.18	63801.49	12653.66
耿马县	56489.67	11315.83	6634.42	37999.97	539.45
凤庆县	50699.27	11985.13	38366.89	0.00	347.25
永德县	44428.82	27966.43	6023.73	2687.17	7751.49
云　县	32342.74	7345.66	23365.15	170.47	1461.46
临翔区	30070.46	5969.72	23100.57	622.83	377.34
镇康县	26982.37	11499.24	5837.59	8782.27	863.27
沧源县	26301.40	3252.43	10189.61	12485.71	373.65
双江县	21041.01	2796.97	16251.22	1053.07	939.75

2.2.7　动植物资源

临沧市动植物资源丰富，有热带雨林、热带季节雨林、常绿阔叶林、落叶阔叶林、暖性针叶林、温性针叶林、竹林、灌丛、草丛、草甸、人工林等

11种植被类型,生物多样性水平较高。截至2020年年底,全市已记录的高等植物有4200多种,其中蕨类植物300多种、裸子植物23种、被子植物3900多种,有国家重点保护野生植物35种,包括云南红豆杉(*Taxus yunnanensis*)、长蕊木兰(*Alcimandra cathcartii*)、宽叶苏铁(*Cycas tonkinensis*)、藤枣(*Eleutharrhena macrocarpa*)、伯乐树(*Bretschneidera sinensis*)共5种国家一级重点保护野生植物,桫椤(*Alsophila spinulosa*)、金毛狗(*Cibotium barometz*)等30种国家二级重点保护野生植物。全市已记录的脊椎野生动物有744种,其中兽类121种、鸟类413种、爬行类55种、两栖类35种、鱼类120种,有国家、省重点保护野生动物100多种,包括亚洲象(*Elephas maximus*)、黑长臂猿(*Nomascus concolor*)、绿孔雀(*Pavo muticus*)等国家一级重点保护野生动物20多种,猕猴(*Macaca mulatta*)、黑熊(*Ursus thibetanus*)、双角犀鸟(*Buceros bicornis*)等国家二级重点保护野生动物80多种。

2.2.8 水域及水利设施用地资源

根据2020年度土地调查,全市水域及水利设施用地总面积为29159.32公顷,主要为水库水面、河流水面、坑塘水面和沟渠,无湖泊水面和冰川及永久积雪。其中水库水面面积最大,占总面积的54%;其次是河流水面,占39.26%。凤庆县的水域及水利设施用地面积最大,沧源县面积最小(表2-8)。

表2-8 临沧市各区县水域及水利设施用地面积统计表

公顷

行政区域	合计	河流水面	水库水面	坑塘水面	沟渠
全 市	29159.32	11447.16	15749.67	1376.90	585.59
凤庆县	10040.45	1984.68	7937.91	72.11	45.75
云 县	4592.80	2174.41	2213.40	163.52	41.47
双江县	3537.46	1018.61	2183.10	192.31	143.44
临翔区	3042.57	1039.57	1841.68	91.65	69.67
耿马县	2489.22	1622.17	390.35	398.22	78.48
永德县	2091.71	1542.73	283.37	180.45	85.16
镇康县	1811.36	1036.06	584.92	108.95	81.43
沧源县	1553.75	1028.93	314.94	169.69	40.19

2.2.9 其他土地资源

除了以上国土资源外，还有交通运输用地、水工建筑用地和其他土地三类。根据2020年的土地调查，全市有636.34公顷的裸土地和187.55公顷裸岩石砾地，无盐碱地和沙地(表2-9)。在八个区县中，云县的裸土地最多，共206.87公顷，占全市裸土地面积的32.51%；耿马县的裸土地最少，只有2.65公顷(图2-4)。云县的裸岩石砾地面积最大，共41.55公顷，其次是镇康县和永德县，分别为34.22和33.82公顷；耿马县的裸岩石砾地面积最小，仅4.76公顷(图2-5)。

表 2-9 临沧市各区县其他土地面积统计表

公顷

行政区域	合计	农村道路	设施农用地	田坎	裸土地	裸岩石砾地
全 市	173078.26	25506.05	1527.30	145221.02	636.34	187.55
云 县	37083.79	3876.3	259.78	32699.29	206.87	41.55
永德县	27803.11	3902.38	178.07	23638.02	50.82	33.82
凤庆县	24477.39	3454.31	202.06	20753.98	47.77	19.27
耿马县	23912.96	3717.22	225.60	19962.73	2.65	4.76
镇康县	18517.90	3063.84	130.14	15202.21	87.49	34.22
双江县	15221.67	2151.21	143.07	12838.45	72.54	16.40
沧源县	14423.74	2683.17	154.31	11550.84	24.07	11.35
临翔区	11637.70	2657.62	234.27	8575.50	144.13	26.18

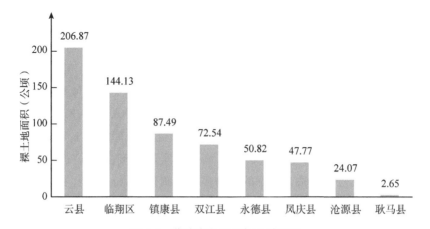

图 2-4 临沧市各区县裸土地面积

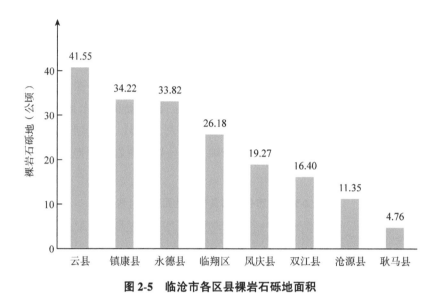

图 2-5　临沧市各区县裸岩石砾地面积

2.3　生态保护修复推进情况

2.3.1　全面推进生态保护修复工程

"十三五"期间，临沧市开展了天然林停伐保护、新一轮退耕还林还草、陡坡地生态治理、石漠化综合治理、重点防护林建设、湿地保护修复、濒危野生动植物拯救性保护等一系列生态保护修复工程，以"三沿"（沿路、沿河湖、沿集镇）为重点，创新性开展国土山川"大绿化"，实施了一批交通干线、重要湿地、特色城镇的绿化美化工程。全市累计完成退耕还林 135.75 万亩，完成造林 305.31 万亩、森林抚育 40.81 万亩、义务植树 3303.32 万株。实施石漠化综合治理造林 6.2 万亩。草原禁牧面积 213.27 万亩，草畜平衡面积 1432.76 万亩，启动退化草原人工种草生态修复项目，天然草原植被综合盖度达 87.26%。累计完成主要过境河流生态治理 53.49 千米，新建堤防 94.87 千米；累计完成其他中小河流、山洪沟过境河流综合治理 185.1 千米，新建堤防 288.95 千米。完成野生动植物资源调查，实施亚洲象保护工程及以亚洲象、绿孔雀、黑冠长臂猿为重点的生物多样性调查监测；开展"打击破坏野生动物资源违法犯罪""绿盾"等专项行动；建立各类自然保护地 17 处，总面积 451.98 万亩，占全市国土面积的 12.76%（临沧市林业和草原局，2021）。

2.3.2　不断完善生态保护修复制度体系

近年来，临沧先后制定了《临沧市可持续发展规划（2018—2030 年）》《临沧市生态文明示范市建设规划（2021—2035 年）》《临沧市生态文明建设排头兵规划（2016—2020 年）》《临沧市环境总体规划》《澜沧江流域（临沧段）保护发展规划》等重要规划，出台了《关于建设美丽临沧的意见》《关于建立以国家公园为主体的自然保护地体系的实施意见》《临沧市绿水青山变成金山银山三年行动计划（2020—2022 年）》《临沧市"三线一单"生态环境分区管控实施方案》和"生态美、发展美、风气美"建设 3 个实施方案、8 个专项行动方案，颁布实施临沧市《古茶树保护条例》《南汀河保护管理条例》《城市绿化管理条例》《城乡清洁条例》等四部地方性法规，形成了推进生态文明建设、加强生态环境保护的规划和制度体系。将森林、湿地等资源保护指标列入《地方党委和政府主要领导干部自然资源资产离任审计评价办法》《县域经济发展分类考核评价办法》，推动地方政府切实承担起森林资源保护主体责任。

2.3.3　生态保护修复成效显著

通过上述一系列举措，全市的生态环境持续向好，生态质量明显改善，森林、草原、湿地生态功能有效发挥，"美丽临沧"建设取得明显成效。全市森林面积达 2487.31 万亩，森林蓄积量达到 1.17 亿立方米，森林覆盖率从 2015 年的 64.69% 提高到 2020 年年底的 70.20%，森林生态服务功能总价值达到 1300 亿元。天然草原植被综合覆盖度达 85.36%。据环境监测，全市 13 个地表水监测断面水质均符合水环境功能区划要求，15 个县级以上饮用水源地水质均达到国家集中式饮用水源地二级以上保护区要求。全市现有自然保护地 17 个，其中自然保护区 5 个、风景名胜区 5 个、森林公园 3 个、水产种质资源保护区 3 个、水利风景区 1 个，总面积达 30 多万公顷，占全市国土面积的 12.76%。全市获评国家级森林乡村 14 个、省级森林乡村 79 个，城乡生态环境持续改善（临沧市林业和草原局，2021）。

2.4　关于生态保护修复的问卷调查

为从更广泛的视角把握临沧市生态保护修复的效果及存在的问题，项目组开展了专项问卷调查。调查对象包括临沧市及各区县的自然资源和规划部门、林草部门、环保部门、农业农村部门、水利部门、科技部门、财政部门等相关人员，发放问卷150份，收回有效问卷142份。

2.4.1 生态保护修复的整体效果

问卷调查结果显示，93.7%的受访者认为临沧市生态状况好转，其中有47.9%的受访者认为生态状况"明显好转"，45.8%的受访者认为"有一定好转"；只有4.2%的受访者认为"没有变化"，2.1%的受访者认为"有部分恶化"，认为"明显恶化"的受访者为0(图2-6)。这一调查结果充分说明，临沧市生态保护修复工作是卓有成效的，生态状况整体上得到改善，让广大临沧人民切实体会到了"获得感"。同时也说明，目前局部还存在着生态状况尚未改善或恶化的问题，需要通过持续不断的努力加以改善。

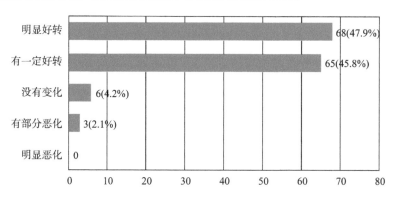

图2-6 受访者对生态状况的基本感受(单选)

2.4.2 生态保护修复的问题排序

从问卷调查结果看，受访者对当前临沧市生态保护修复面临的问题排序如下：一是"山"的问题，包括山体滑坡、水土流失、矿山修复、石漠化治理等；二是"水"的问题，包括水污染、河流采砂等；三是"林"的问题，包括退化林修复、天然林保护、次生林经营和野生动植物保护等；四是"田"的问题，包括化肥农药、坡耕地治理等；五是"湖"的问题，包括湖泊、湿地保护修复等；六是"草"的问题，包括草地保护、退化草地修复等(图2-7)。这一调查结果充分反映了相关部门对临沧市山水林田湖草系统治理中突出问题的认识，符合临沧市的具体实际，为今后全面推进山水林田湖草系统治理提供了优先顺序。

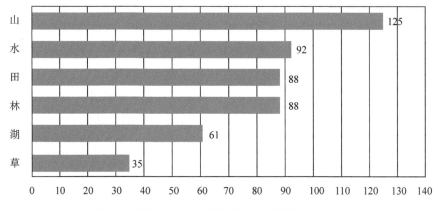

图 2-7　受访者对生态保护修复问题的排序(多选)

2.4.3　生态保护修复的制约因素

　　根据问卷调查结果，受访者认为制约临沧市生态保护修复的主要因素包括以下几个方面：一是资金投入不足且来源结构单一；二是人才队伍建设薄弱；三是科学技术跟不上；四是生态欠账和历史遗留问题多；五是对山水林田湖草系统治理的机理和规律认知不足(图 2-8)。这一调查结果，为临沧市今后进一步完善山水林田湖草系统治理的政策机制提供了重要参考依据。

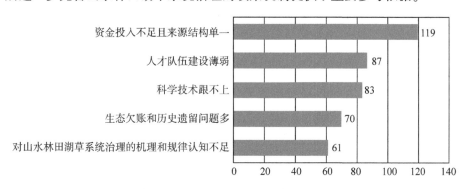

图 2-8　受访者对生态保护修复制约因素的排序(自主填写)

2.5　基本结论

　　基于上述基线调查结果，并结合项目组实地调研中所了解的情况，可以归纳出如下基本结论：

　　(1)临沧市自然条件良好，建设人与自然和谐共生的可持续发展示范区具

有得天独厚的优势 临沧市属于亚热带季风气候，四季分明，雨量充沛，光照充足，年降水量均在 1000 毫米以上，植被类型丰富，各类高等植物达 4200 多种，生物多样性水平较高。良好的光热水土等自然条件，为临沧市奠定了坚实的生态环境基础，为经济社会发展提供了重要的保障。

(2)生态保护修复力度不断加大，生态系统质量不断提升，城乡人居环境持续改善，"美丽临沧"建设取得显著成效 全市森林面积达到 2487.31 万亩，森林蓄积量达到 1.17 亿立方米，森林覆盖率达到 70.20%。建成各类自然保护地 17 处，总面积占全市国土面积的 12.76%。全市 13 个地表水监测断面水质均符合水环境功能区划要求，15 个县级以上饮用水源地水质均达到国家集中式饮用水源地二级以上保护区要求。全市获评国家级森林乡村 14 个、省级森林乡村 79 个，城乡生态环境持续改善(临沧市林业和草原局，2022)。

(3)绿色产业快速发展，经济林果成为农民增收致富的重要来源和区域经济发展的重要支柱 全市累计建成高原特色农业产业基地 2200 万亩，其中核桃种植面积达到 800.39 万亩，产量达 56.1 万吨，产值 78 亿元；坚果种植面积达到 262.77 万亩，产量达 6 万吨，产值 30 亿元；同时还有中药材 39.14 万亩，茶叶 209.23 万亩，橡胶、咖啡、甘蔗等 888.47 万亩。全市有涉林企业 234 户，其中省级龙头企业 24 户，有坚果类规模以上加工企业 31 家，林农专业合作社 717 个。林草产业已经成为有效巩固拓展生态脱贫成果同乡村振兴有效衔接的重要支撑(临沧市林业和草原局，2023)。

(4)国土绿化进入攻坚克难阶段，治理成本高、难度大、任务艰巨 经过多年来的不懈努力，绿色已经覆盖了全市绝大部分土地，但目前仍然存在不少的裸土地和裸岩石砾地，矿山生态修复、荒坡荒地绿化、石漠化治理等任务依然艰巨，而且这些土地都是自然条件最恶劣、生态环境最薄弱的地带，加之劳动力等成本的不断攀升，推进国土绿化的难度越来越大。从发展阶段上看，临沧市大规模国土绿化已经基本结束，今后将进入攻坚克难、补齐短板的新阶段，需要集中力量打歼灭战，宜乔则乔、宜灌则灌、宜草则草，科学推进国土绿化，全面提升临沧市生态系统多样性、稳定性和持续性。

(5)水土流失问题依然突出，陡坡耕作、河道采砂等治理工作亟待加强 近年来，临沧市在水生态治理方面取得了显著成效，但是在降雨集中的季节，河流泥沙含量高的问题依然突出(图 2-9)，部分国控、省控断面水质超标，与实现国家和省级拟定的"十四五"100%达标目标差距较大(临沧市生态环境局，2013)。临沧市是典型的山区，山地面积占全市总面积 97%，山大沟深平地

图 2-9　雨季河流水质状况

图片来源：项目组 2023 年 7 月调研时拍摄

少，陡坡耕作、河道采砂等极易引起水土流失。

　　根据 2022 年云南省环保督察的问题反馈，在南汀河流域，部分地区存在采砂点位密度过大，在云县、永德县、耿马县、镇康县境内南汀河沿线两岸约 80 千米范围内，密集设置各种采砂点 53 个，部分采砂点相距仅 300~500 米，不利于维护河势稳定，对水生态环境造成影响(临沧市生态环境局，2013)。尽管通过实施退耕还林还草工程等，陡坡耕地面积大幅度减少，但目前仍有不少坡耕地存在，在河道中或河道两侧挖取砂石的现象依然存在(图 2-10)。

图 2-10　陡坡耕作和河道采砂

图片来源：项目组 2023 年 7 月调研时拍摄

（6）森林面积大、覆盖率高，但森林质量总体上不高　目前，临沧市森林覆盖率已经达到 70.20%，但森林质量总体上不高。全市森林每公顷蓄积量仅为 70.6 立方米，与每公顷 90 立方米的全国平均水平和每公顷 101 立方米的云南省平均水平相比，均存在较大差距。森林质量不高是导致病虫害风险和森林火险高、生态系统稳定性差的主要原因，同时也影响到森林碳汇的持续增加。项目组在调研中发现，部分林地已经出现了针叶林枯死和竹林倒伏等现象，亟待加强森林科学经营和低效林改造（图 2-11）。

图 2-11　针叶林枯死和竹林倒伏

图片来源：项目组 2023 年 7 月调研时拍摄

（7）生物多样性保护形势依然严峻，保护与发展的矛盾冲突依然存在　临沧市野生动植物资源丰富，生物多样性水平高，保护任务非常艰巨。目前尽管生物多样性保护的社会环境已经形成，但由于历史遗留问题、社区发展问题等交叉重叠，基层的生物多样性保护形势依然严峻。代表性物种亚洲象、绿孔雀栖息地破碎化问题较为严重，人与动物冲突问题突出，人员伤亡和财产损失事件频发，面临着既要拯救保护野生动物，又要保障损害补偿资金的巨大压力。同时，由于特殊的地理位置因素，外来有害生物入侵的威胁不断加剧，生物多样性保护任重道远。

（8）统筹山水林田湖草系统治理的协调机制尚不健全，生态治理条块分割、各自为战的现象尚未彻底扭转　目前临沧市的生态保护修复工作仍然不同程度存在着部门间协同不足的问题，通盘布局、整体推进的生态治理体系尚未完全形成。例如，小流域综合治理水土保持工程由水务部门牵头、各区县具体负责实施，但林草部门、农业农村部门的参与程度明显不足。根据问卷调查结果，临沧市山水林田湖草系统治理最大的瓶颈是资金投入不足且来源结构单一，其主要原因也是因为没有将农林水等各类资金统筹起来。另外，人才队伍力量薄弱、科学技术跟不上，也是制约临沧市山水林田湖草系统治理的重要因素。

第 3 章

生态风险评价与生态网络构建

生态风险是指生态系统及其组分受到系统外威胁的潜在可能性(陈辉,刘劲松等,2006)。一个物种、种群、生态系统或整个景观的正常功能受外界胁迫时,必然会对生态系统局部或全部的结构和功能产生一定的不利影响,从而在当前或将来损害系统内部某些要素或其本身的健康、生产力、遗传结构、经济价值和美学价值,最终危及生态系统的安全、健康和可持续性。

生态风险评价是对生态系统受到威胁的概率及强度进行的预测,旨在把握自然因素和人类活动对生态系统造成副作用的可能性及其严重程度,从而更好地应对和克服生态环境恶化对经济社会发展和人类生产生活造成的不利影响(阳文锐等,2007)。景观生态风险评价是区域尺度生态风险评价的重要分支,着重从景观空间格局与生态过程耦合关联的视角出发,评估景观风险的时空差异和格局的尺度效应,具有多角度、多尺度、多级别、多重影响关系的优势(张思锋等,2010)。开展临沧市景观生态风险评价,综合反映多源风险的空间分布,可以为临沧市综合生态风险防范提供决策参考,为区域景观格局的管理和优化提供依据。

生态网络是由生物体、物种、群落和生物环境构成的网络体系(Guy Woodward,2012)。在这个网络体系中,既可以包括森林、草原、河流、湖泊等多种生态系统,也可以包括不同的自然景观类型、不同环境因素和过程、不同的生物物种及其生境类型。构建生态网络的目的,就是要确保生物要素和环境要素之间的有机联系和相互协同,形成一个结构稳定、功能完整、生物多样性丰富的生态系统。

党的十九大报告明确提出,要实施重要生态系统保护和修复重大工程,优化生态安全屏障体系,构建生态廊道和生物多样性保护网络,提升生态系统质量和稳定性。这是首次在党的政治报告中明确生态网络体系的要求。可见,构建完善的生态廊道和生态网络体系,既是优化生态安全屏障体系、提升生态系统质量和稳定性的重要手段，也是山水林田湖草系统治理的重要任务。

构建适合临沧市生态环境特点和经济社会发展水平的相对完整的生态网络，可以有效避免因土地利用、行政区划等人为因素导致的生态系统破碎化，增强生境斑块之间的连通性，对于保持生态系统完整性、保护生物多样性、维持生态系统平衡、完善生态安全格局具有重要意义。

3.1　土地类型及分布

本研究使用 2020 年 Landsat 8 遥感影像作为数据源，由中国科学院地理空间数据云（http：//www.gscloud.cn）获取。通过辐射定标、大气校正、影像裁剪等对遥感影像进行预处理后，对影像进行解译分类，将研究区划分为林地、农用地、草地、河流湖泊湿地、裸地、建设用地 6 种土地类型。

解译分类结果见表 3-1。在各土地类型中，林地面积最大，占全市总面积的 58.73%；其次为农用地，占全市总面积的 34.75%；建设用地面积占比 3.55%，河流湖泊湿地、草地、裸地面积均较小，合计占比为 2.98%。6 种土地类型分布各不相同，突出表现在林地、农用地分布较集中，其他地类分布较为分散。

表 3-1　基于遥感影像的土地类型面积统计表

类　型	面积（平方千米）	比例（%）
总计	23624.82	100.00
林地	13873.94	58.73
农用地	8208.65	34.75
建设用地	839.05	3.55
草地	381.88	1.62
河流湖泊湿地	312.71	1.32
裸地	8.59	0.04

需要说明的是，表 3-1 中的土地类型及面积与本书第 2 章第 2 节"山水林田湖草资源"中的土地利用现状数据有较大出入，主要因为表 3-1 数据是基于地表覆盖物、植被类型等进行分类，加之分辨率的限制而出现的误差，导致与自然资源部门的土地类型划分和统计数据不一致。因此，上述数据仅用于生态风险评价和生态网络构建。

3.2　景观生态风险评价

　　20 世纪 80 年代以来，国内外许多学者在景观生态风险评价方面开展了一系列的研究和探索（彭建等，2015）。从评价尺度看，最初仅局限于危害人体健康的小尺度环境问题评价，随着研究的不断深入，逐步发展到衡量生态系统受到一种或多重压力而造成的具有负生态效应的可能性。从评价对象看，既有城市周边等人类活动影响较为强烈的区域，也有重要水源地、生物栖息地、自然保护区等生态敏感区域。从评价单元看，既有针对行政区域的研究，也有针对小流域等功能单元的研究。从评价方法看，目前主要包括基于景观格局的风险指数法、基于土地利用类型的风险指数法和基于外部压力的风险指数法等。

　　基于景观格局的景观生态风险指数法是最为常用的方法（曾辉，刘国军，1999）。在风险概率乘以危害程度的风险评价核心模型基础上，根据景观干扰度指数、景观脆弱度指数和景观损失度指数进行建模评价。其中，景观干扰度指数衡量不同景观所代表的生态系统对外界干扰的抵抗能力，通常用景观破碎度、景观分离度、景观优势度加权求和来定量表征；脆弱度指数表示不同景观类型抵抗外界干扰的能力和对外界变化的敏感程度（即易损性），研究中一般通过人为赋值得到；损失度指数是对景观干扰度指数和景观脆弱度指数的综合表述，系统反映不同景观类型遭受干扰后的生态损失程度。

　　基于土地利用类型的景观生态风险指数法在由土地利用变化诱发的景观生态风险评价中比较常用，主要是通过不同土地利用类型占评价区域的面积比例进行直接表征，即将评价区域内某种土地利用类型的面积比例乘以该土地利用类型的生态风险系数，最后对所有土地利用类型的生态风险求和得到评价区域的景观生态风险（王娟等，2008）。

　　基于外部压力的风险指数法多用于城市化等人类活动引发的景观生态风险评价，主要是以景观的外部压力和内部承压能力来衡量其风险程度。例如，李景刚等（2008）将快速城市化地区景观生态风险定义为外部压力与景观暴露性之和减去景观稳定性后的差值。其中，外部压力通过受胁迫景观的面积和到风险源的距离来计算，景观暴露性通过景观中斑块到交通干线等连接外部的廊道距离来计算，景观稳定性通过景观破碎化程度（内部稳定性）和相邻景观单元的异质性（邻域稳定性）来计算。

根据评价目标、尺度、对象等具体条件，本研究采用基于景观格局的景观生态风险指数法，以遥感影像解析的土地类型数据为基础划分景观类型，选择景观干扰度指数、脆弱度指数和损失度指数为表征建立景观生态风险评价模型，运用 ArcGIS 软件划分网格单元，使用 fragstats 系统计算每个网格单元的景观生态风险指数，对临沧市全域的生态风险等级及空间分布进行系统评价。

3.2.1 景观干扰度指数

景观干扰度指数由景观破碎度指数、景观分离度指数、景观分维度指数表征，其计算公式如下：

$$I_i = aC_i + bS_i + cD_i \tag{3.1}$$

式中，C_i、S_i、D_i 分别表示景观破碎度指数、景观分离度指数和景观分维度指数；a、b、c 分别为破碎度、分离度和分维度权重（$a+b+c=1$）。结合临沧市具体实际，通过专家打分法确定 a、b、c 的值分别为 0.5、0.3、0.2。

景观破碎度指数是反映景观由整体逐渐分散为复杂的、任意的斑块的程度，变化的程度越大其值越大，表明其受自然或人为的干扰越大。景观分离度指数表示在景观类型中不同斑块间的分散程度，其值越大分散程度越大，不同景观类型间相互演替的速度越频繁。景观分维度指数表征斑块形状复杂度及景观受人为活动的影响程度，其取值范围为 1~2，其值越大表示景观斑块的形状越复杂。当 $D_i < 1.5$ 时景观斑块形状趋于简单；当 $D_i = 1.5$ 时景观斑块处于布朗随机运动状态，稳定性较差；当 $D_i > 1.5$ 时景观斑块形状较复杂。三个景观指数的计算公式如下：

$$C_i = \frac{n_i}{A_i} \tag{3.2}$$

$$S_i = \frac{1}{2} \times \sqrt{\frac{n_i}{A}} \times \frac{A}{A_i} \tag{3.3}$$

$$D_i = \frac{2\ln(4/P_i)}{\ln(A_i)} \tag{3.4}$$

式中，n_i 为景观类型 i 的斑块个数；A_i 为景观类型 i 的面积；A 为景观总面积；P_i 为景观类型 i 的周长。

3.2.2 景观脆弱度指数

景观脆弱度指数是不同景观类型遭受外界干扰后的敏感程度。景观脆弱度指数越大，表示其脆弱性越高、稳定性越差，说明该景观类型的抗干扰能力较低，更容易受外界干扰。借鉴国内外常用的研究方法（杨克磊，张建芳等，2008；黄寒江，葛大兵等，2018；王涛，肖彩霞等，2020），结合临沧市实际情况，将研究区景观脆弱性程度按照景观类型分为 6 个等级，林地、草地、裸地、建设用地、河流湖泊湿地及农用地分别赋予 1 级、2 级、3 级、4 级、5 级和 6 级，进行归一化处理后得到各景观类型的脆弱度指数 V_i，分别为林地 0.0476、草地 0.0952、裸地 0.1428、建设用地 0.1904、河流湖泊湿地 0.2381、农用地 0.2857。

3.2.3   景观损失度指数

景观损失度指数表示遭遇自然或人为干扰的各景观类型所受的生态损失程度，是特定景观类型的景观干扰度指数和景观脆弱度指数的综合，其值大小由景观类型所受干扰程度和干扰后所带来的影响共同决定。景观类型在干扰发生前后自然属性损失程度越高，则其景观损失度指数越大；反之，其自然属性损失较少或没有损失，则景观损失度指数越小。景观损失度指数的计算公式如下：

$$R_i = I_i \times V_i \tag{3.5}$$

式中，R_i 为景观损失度指数；I_i 为景观干扰度指数；V_i 为景观脆弱度指数。

3.2.4   景观生态风险指数

为了更好地体现景观生态风险的空间差异性，本研究采用网格采样法。利用 ArcGIS 系统将临沧市全域划分为 283 个 10 千米×10 千米的生态风险采样单元，每个单元的面积为 100 平方千米。

以生态风险采样单元划分结果为基础，根据公式(3.1)-(3.5)分别计算每个单元的景观干扰度指数、景观脆弱度指数和景观损失度指数，根据公式(3.6)计算得出各采样单元的景观生态风险指数。景观生态风险指数计算公式如下：

$$ERI_k = \sum_{i=1}^{n} \frac{A_{k_i}}{A_k} \times R_i \tag{3.6}$$

式中，ERI_k 表示第 k 个生态风险采样单元的景观生态风险指数；n 表示第 k 个生态风险采样单元中的景观类型总数；A_{k_i} 表示第 k 个生态风险采样单元中 i 类型景观的面积；A_k 表示第 k 个生态风险采样单元的总面积；R_i 表示 i 类型景观的损失指数。

表 3-2 为编号 12 的生态风险单元的景观生态风险指数计算过程和结果。其余 282 个生态风险单元以此类推，不再逐一列出。

表 3-2 单个生态风险单元景观生态风险指数计算表

指数及参数	林地	农用地	草地	建设用地	河流湖泊湿地
A_i	8086.41	1191.96	11.25	335.07	35.37
n_i	128	353	34	943	261
P_i	472620	360150	8940	219330	39270
D_i	1.0504	1.0598	1.0392	1.0208	1.0111
S_i	0.3657	0.9969	1.0000	1.0000	1.0000
C_i	0.0158	0.2962	3.0222	2.8143	7.3791
V_i	0.0476	0.2857	0.0952	0.1904	0.2381
A			9660.0600		
I_i	0.3962	0.6654	2.0229	1.9134	4.1929
ERI_k	0.0158	0.0235	0.0002	0.0126	0.0037
ERI			0.0558		

由于各单元的景观生态风险指数计算结果，为每个生态风险采样单元中心点的景观生态风险指数值，仅为一个"点数据"，并不能表述单元内所有点的景观生态风险，因此需要通过空间上规则分布的已知样点数据，来预测其他未知点的数据，从而将"点数据"推广到"面数据"，实现变量的空间化。

空间插值法是常用的变量空间化方法。在进行插值前，需要拟合一个半变异函数模型来反映空间数据的相关特性，进而获得权重进行预测。半变异函数计算公式为：

$$\gamma(h) = \frac{1}{2n(h)} \sum_{i=1}^{n(h)} [Z(x_i) - Z(x_i + h)]^2 \tag{3.7}$$

式中，$\gamma(h)$ 为半变异函数值；h 为两样本点的空间分隔距离；$Z(x_i)$ 和 $Z(x_i+h)$ 分别为景观生态风险指数在空间位置 x_i 和 x_i+h 上的观测值；$n(h)$ 为分隔距离为 h 时的样本总数。

半变异函数有 4 个重要的特征参数：块金值(nugget)、基台值(sill)、偏基台值(partial sill)和变程(range)。4 个主要参数反映了空间变量之间复杂的空间关系。块金值反映变量由随机因素引起的变异，当采样点的距离 h 为 0 时，半变异函数 $\gamma(h)$ 的值等于块金值，表示由误差、环境等引起的变异值。当采样点的距离 h 增大时，半变异函数 $\gamma(h)$ 的值随之增大最终得到一个相对稳定的常数，该常数被称为基台值。基台值由块金值和偏基台值(反映空间自相关引起的变异)共同表征，反映了研究区的总变异程度。变程是指变异函数第一次达到稳定状态时对应的采样距离，反映了变量的空间自相关尺度。需要特别注意的是，块金值与基台值的比称为块金系数，反映随机因素引起的空间变异占比大小。当块金系数大于 75% 时，变量的空间异质性主要受随机因素影响，当块金系数小于 25% 时，结构因素在变量的空间异质性中占主导作用，变量具有较强的空间自相关性，介于 25%~75% 之间的块金系数反映了随机因素和结构因素的共同作用。只有当块金系数小于 75% 时，变量的空间自相关性才能够通过空间插值得以更好地反映。

为获得最优的半变异函数，本研究以最常用的圆模型（circle）、球状模型（spherical）、指数模型（exponential）、高斯模型（Gaussian）等理论模型为基础，选择决定系数（R^2）最大和残差平方和（SSE）最小的模型进行拟合。决定系数和残差平方和的计算公式如下：

$$SSE = \sum_{i=1}^{n} \left[Z(x_i) - Z^*(x_i) \right]^2 \tag{3.8}$$

$$R^2 = 1 - \frac{SSE}{\sum_{i=1}^{n} \left[Z(x_i) - \overline{Z} \right]^2} \tag{3.9}$$

式中，$Z(x_i)$ 为空间点 x_i 处的实测值；$Z^*(x_i)$ 为空间点 x_i 处插值计算得到的估计值；$\overline{Z}$ 为 n 个实测值的平均值。

在最优半变异函数拟合的基础上，确定插值的权重系数，插值得到相应的生态风险指数的估计值。空间点 x 处的生态风险指数估计值计算公式如下：

$$Z^*(x) = \sum_{j=1}^{m} \lambda_j Z(x_j) \tag{3.10}$$

式中，λ_j 为权重系数，用于表示空间点 x_j 处样本点的实测值对估计值的贡献程度；$Z(x_j)$ 为在空间点 x_j 处的样本点的实测值；m 为参与插值计算的实测样本个数。

3.2.5 评价结果

通过计算 283 个采样单元的景观生态风险指数值，并进行空间插值，得到临沧市景观生态风险指数空间分布图，当前临沧市生态风险指数的分布范围为 0.0169—0.2123。

利用自然断点法将景观生态风险指数从小到大划分为 5 个等级：低生态风险区（0.0169—0.0559）；较低生态风险区（0.0559—0.0949）；中等生态风险区（0.0949—0.1339）；较高生态风险区（0.1339—0.1729）；高生态风险区（0.1729—0.2123）。

从空间分布情况看，高生态风险区和较高生态风险区沿东北向西南延伸，贯穿云县、凤庆县、永德县、镇康县4个县的大部分区域和耿马县的部分区域，是需要重点保护和修复的区域。这些区域有大面积耕地集中分布，众多农村居民点、道路穿插在内，长期频繁的人为活动是导致该区域景观破碎化严重、生态风险等级偏高的主要原因。此外，较高生态风险区及中等生态风险区分布在高生态风险区周围，形成高、较高、中等生态风险层，使得这些区域成为高风险程度聚集地。总体来看，低生态风险区及较低生态风险区集中分布在临沧市东南部，这些区域有大面积林地集中分布，受人为活动干扰较少，破碎化程度低，加之林地等景观抵御外界干扰的能力相对较强，受到的生态损失相对较少，因而区域生态风险等级较低。

表3-3为各景观生态风险等级的面积和比例。其中，低生态风险等级区和较低生态风险等级区分别占全市总面积的6.05%和15.10%；中等及较高生态风险等级区分别占全市总面积的27.10%和38.02%；高生态风险等级区占全市总面积的13.73%。

表3-3 临沧市景观生态风险区面积统计

风险等级	面积(平方千米)	比例(%)
低生态风险区(0.0169—0.0559)	1429.75	6.05
较低生态风险区(0.0559—0.0949)	3567.43	15.10
中等生态风险区(0.0949—0.1339)	6402.35	27.10
较高生态风险区(0.1339—0.1729)	8982.19	38.02
高生态风险区(0.1729—0.2123)	3244.51	13.73
总 计	23626.22	100.00

表3-4和表3-5分别为各区县风险等级面积和占比统计表。可以看出，永德县、云县及凤庆县的风险等级偏高，且较高生态风险区及高生态风险区面积较大。临翔区、双江县、沧源县风险等级较低，较高生态风险区及高生态风险区面积较小。永德县高生态风险区面积最大，占临沧市高生态风险区总面积的33.47%；云县次之，占临沧市高生态风险区总面积的26.20%。云县较高生态风险区面积最大，占临沧市较高生态风险区总面积的18.84%；凤庆县次之，占临沧市较高生态风险区总面积的17.15%。相对而言，临翔区高生态风险区面积最小，仅占临沧市高生态风险区总面积的0.02%；双江县高生

态风险区面积较小，仅占临沧市高生态风险区总面积的 1.38%。临翔区较高生态风险区面积最小，仅占临沧市较高生态风险区总面积的 4.51%；双江县较高生态风险区面积较小，仅占临沧市较高生态风险区总面积的 5.18%。

表 3-4　临沧市各区县景观风险等级面积统计　　平方千米

区域	风险等级				
	低	较低	中等	较高	高
沧源县	469.76	719.35	490.77	631.76	133.31
凤庆县	6.01	136.21	1032.72	1540.08	609.75
耿马县	407.01	468.67	1031.38	1383.68	435.70
临翔区	173.98	913.35	1066.12	405.12	0.72
双江县	95.72	542.27	1013.45	464.99	44.67
永德县	76.22	187.21	378.89	1491.89	1085.99
云　县	11.70	316.69	789.22	1692.03	850.14
镇康县	189.34	283.66	599.81	1372.63	84.23

表 3-5　临沧市各区县风险等级占比统计　　　%

区域	风险等级				
	低	较低	中等	较高	高
沧源县	32.86	20.16	7.67	7.03	4.11
凤庆县	0.42	3.82	16.13	17.15	18.79
耿马县	28.47	13.14	16.11	15.40	13.43
临翔区	12.17	25.60	16.65	4.51	0.02
双江县	6.69	15.20	15.83	5.18	1.38
永德县	5.33	5.25	5.92	16.61	33.47
云　县	0.82	8.88	12.33	18.84	26.20
镇康县	13.24	7.95	9.37	15.28	2.60

3.3　生态网络构建

20 世纪 90 年代以来，由于生境破碎化造成的生物多样性下降、景观破碎化造成的生态系统功能下降等问题越来越受到关注，生态网络逐渐成为景观生态学、地理学、城市规划学等学科的研究热点，构建完善的生态网络体系成为夯实生态安全格局的重要手段（Yu K J，1996；俞孔坚，1999）。国内外学者针对不同尺度开展了生态网络构建理论与实证研究，提出了许多模型和方法，其中，最为常用的是基于最小累积阻力模型（MCR）构建"源地—廊道"组合生态网络体系的方法（刘世梁等，2017）。

"源地—廊道"组合生态网络体系的构建主要基于三个组成要素，即生态源地、生态廊道和生态节点。生态源地是指具有丰富生物资源、发挥重要辐射功能的生境斑块，既是物种生存的基础，也是生态要素扩张和流动的源泉。生态廊道又称为生物廊道，是贯穿不同生态源地，连接各生境斑块并适宜生物生存、移动或扩散的重要通道，在生态系统的物质循环、能量流动、信息传递方面发挥着重要作用。生态节点是维持生态源地、生态廊道联通的关键枢纽和薄弱环节，在连接破碎化的物种栖息地（或生境）、确保生态系统要素交换和联系、减少"孤岛效应"方面发挥着重要作用。通过生态走廊和生态节点将破碎化的生态源地（生境斑块）连接起来，构成一个物流能流信息流通畅、结构稳定、功能强大的生态网络。

3.3.1 生态源地识别

生态源地识别是构建生态网络的基础。传统的生态源地识别方法主要有两大类。一是直接法，即直接将自然保护区、生态保护红线等重要保护地作为生态源地。直接法具有简便易行的优势，特别是原环境保护部2015年发布的《生态保护红线划定技术指南》，强化了生态保护红线的生态系统生态功能和生态敏感性分析，为这一方法提供了重要依据。其缺点是在这些重要保护地的划定过程中通常受到很强的行政管制因素影响，对生态系统各组分之间的联系考虑不足。二是综合法，即通过构建综合评价指标体系，对生态服务功能重要性、生态敏感性、景观连通性等进行分析，根据生态系统功能供给的源流结构确定生态源地。综合法的优点是识别结果具有较强的客观性，缺点是在后续的保护实践中，往往会出现与国家或区域生态保护规划等相脱节的问题（杨凯等，2021）。近年来，形态学空间格局分析（MSPA）方法被引入生态源地的识别中，该方法强调结构性连接，基于土地利用数据，采用一系列图像处理方法，辨识出对维持连通性具有重要意义的景观类型，增强了生态源地识别的科学性。但由于该方法偏向于测度结构的连接性，忽略了生态功能的连通性，存在一定的局限性（王玉莹等，2019）。

为规避单一方法存在的缺陷，增强生态源地识别的科学性和实践应用价值，本研究从临沧市具体实际出发，综合考虑数据的可获性、方法的简便性等，采取以生态保护红线为基础，通过景观连通性分析筛选具有高保护价值生态源地的方法。

临沧市生态保护红线总面积 5915.79 平方千米，占全市国土面积的 25.07%，共包含 4722 个斑块，主要类型为生物多样性维护和水土保持。其中，生物多样性维护斑块 575 个，面积 577.77 平方千米，集中分布在沧源县；水土保持斑块 4147 个，面积 5338.02 平方千米，分布在其他 7 个区县。从各区县生态保护红线面积看，耿马县面积最大，凤庆县次之。从斑块数量来看，永德县保护区数量最多，耿马县数量最少（表 3-6）。

表 3-6　临沧市各区县生态保护红线面积和斑块数

序号	区域	类型	面积(平方千米)	斑块(个)
1	沧源县	生物多样性维护	577.77	575
2	凤庆县	水土保持	892.96	466
3	耿马县	水土保持	987.18	328
4	临翔区	水土保持	708.83	369
5	双江县	水土保持	661.67	539
6	永德县	水土保持	660.03	1189
7	云县	水土保持	762.94	644
8	镇康县	水土保持	664.40	612
	总计		5915.79	4722

临沧市的生态保护红线重点考虑了生物多样性维护、水土保持等生态因素，充分契合了当地生态安全格局和生态保护实际需求，可以作为生态源地选取的可靠依据。在此基础上，通过对生态保护红线所有斑块进行景观连通性分析，从中提取最为重要、最具保护价值的斑块作为生态源地。

景观连通性可以通过可能连通性指数（PC）、斑块相对重要性指数（dPC）来表征（吴茂全、胡蒙蒙等，2019；陈胜兰，丁山等，2023）。PC 为所有节点都存在于景观中时的连通性，PC 值越大，表示斑块之间连通的可能性越大。dPC 为斑块的相对重要性，即在移除某一斑块时对连通性的影响，dPC 值越大，表示该斑块对景观连通性的贡献越大。景观连通性分析的基本模型如下：

$$PC = \frac{\sum_{i=1}^{n} \sum_{j=1}^{n} a_i a_j p_{ij}}{A_L^2} \tag{3.11}$$

$$dPC = \frac{PC - PC_{\text{remove}}}{PC} \times 100\% \tag{3.12}$$

式中，PC 为可能连通性指数；n 为景观元素的数量；a_i 和 a_j 分别为斑块 i 和 j 的面积；A_L 为景观总面积；P_{ij} 为斑块 i 和 j 之间所有可能路径的最大乘积概率；dPC 为斑块相对重要性指数；PC_{remove} 为从景观中移除单个斑块后的连通性指数值。

通过计算不同距离阈值下各生态保护红线斑块的 dPC 值，从 4722 个斑块中筛选出 29 个重要斑块作为生态源地。29 个生态源地的总面积为 1993.51 平方千米，占全市生态保护红线面积的 33.70%。其中，生物多样性维护类生态源地 4 个，面积 322.09 平方千米，占生态源地总面积的 16.16%，集中分布在沧源县；水土保持类生态源地 25 个，面积 1671.41 平方千米，占生态源地总面积的 83.84%，分布在其他 7 个区县(表 3-7)。

3.3.2 生态廊道提取

生态廊道是连接破碎化的栖息地斑块，确保物种运动、能量流动、信息交流，维持生态系统稳定健康的重要通道。科学提取生态廊道，是构建生态网络的关键环节。最小积累阻力模型(MCR)是生态廊道提取中最常用的方法(杨志广，蒋志云等，2018；于成龙，刘丹等，2021)。根据生态安全格局理论，在生物扩散穿越异质景观的生态过程中，生物的空间运动、栖息地的维护等均需要克服一定的景观阻力才能完成。因此，累积阻力最小的通道即可认为是最适宜的通道。MCR 模型综合考虑了区域内地形地貌、人为干扰等多方面因素，充分体现了景观单元间的水平联系和潜在的可达性，具有数据量少、结果直观等优势，在生态安全格局优化方面具有良好的适用性。

3.3.2.1 阻力面构建

运用 MCR 模型提取生态廊道，首先需要根据研究区域的关键阻力因子，构建由多个阻力层叠加的阻力面，即各阻力因子阻力值加权后的综合阻力值的空间分布，以此来反映物种从一个生态源地到另一个生态源地需要经历的阻力大小。阻力面将输入到模型中用于提取生态廊道及生态节点。

在国内相关研究中，常以景观类型(土地类型)、坡度、海拔、距水体距离、距道路距离、距居民点距离等作为阻力因子，并根据研究需求有所取舍，进行不同的组合(刘秀萍，李新宇等，2023)。本研究从临沧市具体实际出发，选择景观生态风险指数、海拔和坡度 3 个阻力因子构建阻力面。景观生态风险指数在本章第二节中已经进行了详细测算，景观类型(土地类型)、距水体

表 3-7　生态源地一览表

编号	类型	区域	面积(平方千米)
1	生物多样性维护	沧源县	71.42
2	生物多样性维护	沧源县	107.61
3	生物多样性维护	沧源县	74.81
4	生物多样性维护	沧源县	68.25
5	水土保持	镇康县	128.91
6	水土保持	云县	47.52
7	水土保持	云县	52.03
8	水土保持	云县	49.87
9	水土保持	凤庆县	46.83
10	水土保持	凤庆县	42.67
11	水土保持	凤庆县	48.08
12	水土保持	凤庆县	43.69
13	水土保持	凤庆县	50.92
14	水土保持	双江县	76.36
15	水土保持	双江县	50.19
16	水土保持	双江县	57.32
17	水土保持	双江县	71.19
18	水土保持	耿马县	197.88
19	水土保持	耿马县	56.85
20	水土保持	耿马县	47.24
21	水土保持	耿马县	44.96
22	水土保持	临翔区	50.92
23	水土保持	临翔区	98.37
24	水土保持	临翔区	53.46
25	水土保持	临翔区	48.81
26	水土保持	永德县	129.04
27	水土保持	永德县	42.34
28	水土保持	永德县	44.26
29	水土保持	永德县	91.70
合计			1993.51

距离、距道路距离、距居民点距离等因子在该指数中已经得到充分体现，能够反映物种跨越生态源地的阻力状况。坡度和海拔是直接反映阻力状况的重要因子，由 DEM 数据提取得到。临沧市最低海拔为 355 米，最高海拔为 3498 米，海拔在 1000—2200 米的山地占据了较大比例。整体海拔分布呈现北高南低、东西两侧高、中间低，并由东北向西南逐渐倾斜的趋势。坡度分布范围为 0—75.77°，分布广泛，从平缓的坡度到陡峭的坡度均有涉及。坡度在 15° 以上的区域占据了较大比例，分布趋势受地形地貌影响较大。以上述三个阻力因子构建阻力面具有简便易行、全面精准的优势。

参考相关研究成果(张盼月，丁依冉，2022)，将各阻力因子划分为 5 个等级，通过专家打分法分别赋予不同的阻力值和权重(表 3-8)。其中，景观生态风险指数的阻力值为 10—100，权重为 0.6；海拔的阻力值为 5—100，权重为 0.2；坡度的阻力值为 1—100，权重为 0.2。

表 3-8　阻力因子的阻力值和权重

阻力因子	分级范围	阻力值	权重
生态风险指数	0.0169—0.0559	10	0.6
	0.0559—0.0949	30	
	0.0949—0.1339	50	
	0.1339—0.1729	80	
	0.1729—0.2123	100	
海拔	<1065 米	5	0.2
	1065—1449 米	30	
	1449—1815 米	60	
	1815—2215 米	80	
	>2215 米	100	
坡度	<11°	1	0.2
	11°—20°	10	
	20°—28°	50	
	28°—38°	80	
	>38°	100	

根据表 3-8 中确定的各阻力因子的阻力值和权重，利用栅格计算器，以"阻力面＝生态风险指数×0.6＋海拔×0.2＋坡度×0.2"计算公式，生成各因子阻力面和综合阻力面。海拔、坡度、景观生态风险指数各阻力面分布情况是其

自身分布趋势以阻力值的形式呈现出来。综合阻力面是三个阻力因子综合呈现的结果，最终显示阻力值分布范围为 10—100，高阻力值及较高阻力值区域集中分布在临沧市北部和西部，面积占比较大。

3.3.2.2　最小累积阻力路径模拟

通过将生态源地分布图与综合阻力面分布图叠加，将距离、综合阻力值等参数代入，采用 MCR 模型计算物种从一个生态源地运动扩散到相邻生态源地需要克服的阻力并模拟最小累积阻力路径。基本公式如下：

$$MCR = f_{\min} \sum_{j=n}^{i=m} (D_{ij} \times R_i) \quad (3.13)$$

式中，MCR 为最小累积阻力值；D_{ij} 为物种从生态源地 j 扩散到生态源地 i 的空间距离；R_i 为扩散路径上的景观表面 i 对物种扩散的阻力值；$f_{\min}$ 表示最小累积阻力与生态过程的正相关关系。

基于以上模拟结果，利用 Linkage Mapper 工具，提取相邻源地之间的最小阻力谷线作为潜在生态廊道。遵循最小成本路径原则，考虑到临沧市海拔高、山地多的地理特点，在提取生态廊道的过程中，剔除了部分跨度较大、成本耗费较大的路径，最终确定了耗费成本最小且能有效连通生态源地的 31 条生态廊道，长度共计 202412 米（表 3-9）。31 条生态廊道连通了 29 个生态源地，其中南部区域生态廊道分布较为密集，集中在永德县、临翔区、双江县及耿马县区域范围内。

3.3.3　生态节点提取

生态节点可以将相互断裂的生态廊道连接起来，对生态安全格局的形成起着关键作用。生态节点一般位于生态廊道上生态功能最薄弱处。结合临沧市的地形地貌特点，本研究基于生态廊道提取结果，将最小成本路径的交汇点作为生态节点。利用 ArcGIS 中的节点提取功能，共提取出 12 个生态节点（表 3-10）。

3.3.4　生态网络构建

将 29 个生态源地、31 条生态廊道和 12 个生态节点叠加，即构成临沧市的潜在生态网络。从空间布局看，生态源地、生态廊道和生态节点呈现不均匀的分布，东南部分布相对密集，北部、西部分布较为稀疏，符合临沧市的地形地貌和生态环境特点。29 个生态源地涵盖了全市生态保护红线中最具代表性和高保护价值的区域。31 条生态廊道将相对独立的 29 个生态源地连接在一起，打通了生态系统中物种运动、能量流动、信息交流的通道。12 个生态节点弥补了生态源地和生态廊道的薄弱环节，有利于增强景观连通性。

表 3-9 潜在生态廊道统计表

编号	起点生态源地	起点生态源地所在区域	终点生态源地	终点生态源地所在区域	长度(米)
1	1	沧源县	4	沧源县	30
2	2	沧源县	3	沧源县	10483
3	2	沧源县	4	沧源县	30
4	2	沧源县	18	耿马县	30
5	7	云县	23	临翔区	30
6	8	云县	9	凤庆县	8919
7	10	凤庆县	11	凤庆县	2803
8	10	凤庆县	13	凤庆县	30
9	11	凤庆县	12	凤庆县	294
10	11	凤庆县	13	凤庆县	6259
11	12	凤庆县	13	凤庆县	60
12	14	双江县	17	双江县	6717
13	15	双江县	16	双江县	7035
14	15	双江县	17	双江县	9819
15	15	双江县	19	耿马县	11892
16	15	双江县	20	耿马县	30
17	15	双江县	21	耿马县	30
18	16	双江县	22	临翔区	30
19	16	双江县	24	临翔区	12159
20	17	双江县	20	耿马县	8089
21	18	耿马县	27	永德县	18970
22	19	耿马县	21	耿马县	13797
23	19	耿马县	22	临翔区	4564
24	19	耿马县	29	永德县	11141
25	20	耿马县	21	耿马县	30
26	22	临翔区	24	临翔区	12458
27	22	临翔区	25	临翔区	20435
28	23	临翔区	25	临翔区	432
29	24	临翔区	25	临翔区	26507
30	26	永德县	29	永德县	30
31	27	永德县	28	永德县	9279
总计					202412

表 3-10　生态节点一览表

编号	连接的生态廊道	连接的生态源地	所在区域
a	1-2	1-4-2-3	沧源县
b	12-20	14-17-20	双江县
c	14-20	15-17-20	双江县
d	18-19	22-16-24	临翔区
e	19-29	16-24-25	临翔区
f	13-15	16-15-19	双江县
g	21-31	18-27-28	永德县
h	15-22	15-19-21	耿马县
i	23-24	22-19-29	耿马县
j	27-29	22-25-24	临翔区
k	6	8-9	云县
l	7-9	10-11-12	凤庆县

3.4　结果应用

本研究基于遥感影像获取了 2020 年临沧市土地类型数据，基于土地类型数据划分了生态风险单元，计算了每个生态风险单元的景观生态风险指数，进而通过空间分析实现以点带面，评价了临沧市的景观生态风险水平，明确了临沧市景观生态风险程度及空间分布。结果显示，临沧市的景观生态风险程度基本处于中等以上，镇康县、永德县、凤庆县、云县 4 个县是较高生态风险区及高生态风险区集中分布的地区。

通过开展景观生态风险评价，可以为临沧市今后的生态保护修复工作提供参考依据。自然因素和人类活动干扰是高生态风险区和较高生态风险区的主要风险源。对高生态风险区和较高生态风险区要给予高度重视，要进一步深究、细究其具体原因，合理利用土地资源，保护林地、草地等较为脆弱的原生景观类型，加大高生态风险区和较高生态风险区的生态保护修复力度，从而使景观结构更加合理，将生态风险及其损失降到最小。

本研究以具有代表性且景观连通性较高的生态红线作为生态源地，基于 MCR 模型提取生态廊道，选取最小成本路径的交点增设生态节点，构建了由生态源地、生态廊道和生态节点构成的临沧市潜在生态网络。其中，生态源地共计 29 个，总面积 1993.51 平方千米；贯通 29 个生态原地的生态廊道共 31 条，全长 202412 米；连接生态原地和生态廊道的生态节点共 12 个。

通过构建生态网络，可以增强景观斑块之间的连通性，从景观连通性层面维持生态系统平衡，从而更好地确定区域生态保护修复的重点。生态廊道的数量、质量和空间分布状况会对物种迁移的时间、周期和成功率产生重要的影响，加大对生态廊道的建设和保护，能够促进物质、能量流在区域生态系统内更加流畅的循环运转，对于整个区域内生态环境质量的提升和生物多样性的保护具有极其重要的意义。基于生态廊道布局，今后需要加强对林地、草地、水域等维护区域生态系统稳定和保护生物多样性具有重要作用的生态源地，并设立缓冲区来减小外围的人类活动对核心区的影响和干扰。在此基础上，建设并完善生态廊道、生态节点等景观组分，增强生态系统之间的连通性，形成一体化的生态功能网络。在生态廊道建设上，要将生态节点作为起点，保护好生态源地，明确绝对保护的野生动物栖息地核心区，并建立缓冲区，从而更好地将大面积的生态源地进行连接，以加强景观结构和功能的联系，减轻区域内生态风险，增强生态系统的安全和稳定性，提升区域生态安全水平。

第 4 章

森林碳汇本底与潜力评估

气候变化是全球共同面临的重大挑战，深刻影响着人类的生存与发展。为了应对这一挑战，国际社会积极努力，达成了一系列重要共识。联合国《气候变化框架公约》是全球应对气候变化的基本文件，旨在推动全球减排、应对和适应气候变化。1997 年通过的《京都议定书》首次将森林碳汇纳入温室气体减排体系（周宏春，2009）。2015 年通过的《巴黎协定》确立了各缔约国参与全球应对气候变化的"国家自主贡献"（NDC）新机制（巢清尘等，2016）。

2020 年 9 月，国家主席习近平在第七十五届联合国大会上提出，中国将提高国家自主贡献力度，采取更加有力的政策和措施，二氧化碳排放力争于2030 年前达到峰值，努力争取 2060 年前实现碳中和。2021 年 12 月，习近平总书记在中央经济工作会议上指出，推进碳达峰碳中和是党中央经过深思熟虑作出的重大战略决策，是我们对国际社会的庄严承诺，也是推动高质量发展的内在要求。2022 年 1 月，习近平总书记在十九届中央政治局第三十六次集体学习时强调，实现"双碳"目标，不是别人让我们做，而是我们自己必须要做。

森林作为陆地生态系统主体，具有强大的碳汇功能，发展林业已经成为实现"双碳"目标的有效途径和重要手段。2020 年 12 月，习近平主席在纪念《巴黎协定》5 周年的"气候雄心峰会"上提出，到 2030 年，中国单位国内生产总值二氧化碳排放将比 2005 年下降 65% 以上，非化石能源占一次能源消费比重将达到25% 左右，森林蓄积量将比 2005 年增加 60 亿立方米。2022 年 3 月，习近平总书记在参加首都义务植树活动时指出，森林是水库、钱库、粮库，现在应该再加上一个"碳库"。因此，切实加强森林资源保护与科学经验，不断提升森林质量，增强森林生态系统碳汇能力，已经成为林业发展的重要任务。

碳市场是全球应对气候变化的主要政策工具。目前，我国碳市场建设中，林业碳汇项目包括国际国内两类市场的多种机制类型。其中，国际项目包括清洁发展机制(CDM)项目、国际自愿碳标准(VCS)项目补偿交易和黄金标准(GS)项目;国内项目包括国家核证自愿减排(CCER)项目、中国绿色碳汇基金会(CGCF)自主开发项目以及北京市核证减排(BCER)项目、广东省碳普惠制核证减排(PHCER)项目、福建省林业碳汇减排(FFCER)项目和贵州省单株树碳汇扶贫项目等地方机制项目。这些林业碳汇项目在林业应对气候变化方面发挥了重要作用,丰富了碳市场交易产品,降低了排放企业减排成本,调动了社会力量参与应对气候变化的意识和行动,同时也促进了林农就业增收和脱贫,拓展了林业生态补偿途径和形式,实现了碳汇生态产品价值转换(谢和生等,2021)。

临沧市拥有丰富的森林资源,全市森林面积达 2487.31 万亩,森林蓄积量达到 1.17 亿立方米,森林覆盖率达到 70.20%,发展森林碳汇事业,助力"双碳"目标的实现,有着得天独厚的优势。为准确把握临沧市森林碳汇本地情况和未来发展潜力,项目组开展了森林碳汇本地与潜力评估专题研究。

本研究基于临沧市林地资源管理一张图数据,综合运用碳汇造林项目方法学和森林经营碳汇项目方法学,计算 2019 年和 2021 年全市及各区县的森林碳储量及森林碳汇,并根据 2019—2021 年森林生长情况以及不同树种的生长率,对未来碳汇潜力进行预估。

4.1 数据来源

森林碳汇计量所需要的基础数据及相关参数主要包括:①临沧市森林资源管理一张图数据(2019 年、2021 年)。包括临沧市森林资源管理一张图及年度更新矢量数据,更新的小班位置、范围、面积、优势树种、公顷株数等变更属性信息;②林业碳汇计量监测参数。包括松类、杉类、硬阔类和软阔类的基本木材密度、生物量转换因子、根茎生物量比、含碳率等。

4.2 计算方法

4.2.1 碳库选择和碳层划分

(1)碳库选择 在森林生态系统中,主要有地上生物量、地下生物量、枯落物、枯死木和土壤有机质五大碳库。由于土壤有机质的碳储量变化相对较小,枯落物和枯死木碳库中的碳储量一般较低,基于成本有效性原则,本研究选择地上生物量和地下生物量两个碳库(表 4-1),即在计算碳储量和碳汇量过程中,只考虑地上生物量和地下生物量的碳储量及其变化,不考虑枯死木、枯落物和土壤有机质的碳储量及其变化。

表 4-1　临沧市森林碳库的选择

碳库	是否选择	选择依据
地上生物量	是	碳储量大,是森林碳汇的重要来源
地下生物量	是	碳储量大,是森林碳汇的重要来源
枯死木	否	枯死木的碳储量相对较小,且变化不大,基于成本有效性原则忽略枯死木碳库
枯落物	否	枯落物的碳储量相对较小,且变化不大,基于成本有效性原则忽略枯落物碳库
土壤有机质	否	土壤有机质的碳储量虽然较大,但基本处于稳定状态,变化很小,基于保守性和成本有效性原则,忽略土壤有机碳库

(2)碳层划分　为了提高森林碳储量、碳汇量计算的精度,需要根据造林或营林情况(如树种、林龄、间伐、轮伐期等),将对象森林划分为具有相同计量参数的计算单元,这一过程称为碳层划分。基于临沧市森林资源及经营管理实际,本研究采取根据优势树种组划分碳层的方法,主要包括松类、杉类、硬阔类、软阔类 4 个碳层。

4.2.2　碳储量计算方法

在《碳汇造林项目方法学》和《森林经营碳汇项目方法学》中,森林碳储量的计算均基于森林生物量法。在选择碳库、划分碳层的基础上,通过林分生物量模型和林分碳储量模型计算森林碳储量。

(1)林分生物量模型　森林生物量以碳层为单位进行计算。根据每个碳层的优势树种(碳层)构成,构建"蓄积量–生物量"方程,基于林分单位面积蓄积量与地上生物量相关关系、地下生物量与地上生物量之比,计算该碳层的单位面积生物量,然后乘以该碳层的林分面积,得到该碳层的生物量。将所有碳层的生物量求和即可得到全市森林的生物量。林分生物量计算公式如下:

$$B_{TREE,i} = f_{AB,i}(V_{TREE,i})(1+R_i)A_{TREE,i} \tag{4.1}$$

式中,$B_{TREE,i}$ 为树种 i 碳层的林分生物量,吨(t);$f_{AB,i}(V_{TREE,i})$ 为树种 i 林分单位面积平均地上生物量($B_{AB,i}$)与单位面积平均蓄积量($V_{TREE,i}$)之间的相关关系方程($B_{AB,i} = a \cdot V_i^b$);R_i 为树种 i 的林木地下生物量和地上生物量之比;$A_{TREE,i}$ 为树种 i 林分的总面积,公顷(hm²)。

各优势树种林分的单位面积平均地上生物量($B_{AB,i}$)与单位面积平均蓄积量($V_{TREE,i}$)之间相关关系方程($B_{AB,i} = a \cdot V_i^b$)中的参数见表4-2。各优势树种地下生物量与地上生物量比值见表4-3。

表4-2 各优势树种单位面积地上生物量与单位面积蓄积量相关参数

树种	参数 a	参数 b
松类	2.40794	0.723530
杉类	2.694643	0.665671
硬阔类	3.322268	0.687013
软阔类	1.142254	0.876051

表4-3 各优势树种地下生物量与地上生物量比值

树种	R	树种	R
松类	0.206	硬阔类	0.261
杉类	0.277	软阔类	0.289

（2）林分碳储量模型　森林碳储量同样以碳层为单位进行计算。根据每个碳层的优势树种（碳层）构成，构建"生物量-碳储量"方程，基于林分生物量、林木生物量含碳率，计算该碳层的碳储量。将所有碳层的碳储量求和即可得到全市森林的碳储量。林分碳储量计算公式如下：

$$C_{TREE,i} = \frac{44}{12} \times B_{TREE,i} \times CF_i \quad (4.2)$$

式中，$C_{TREE,i}$ 为树种 i 碳层的林分碳储量，吨二氧化碳当量（tCO_2-e）[①]；$\frac{44}{12}$ 为 CO_2 与 C 的分子量比；$B_{TREE,i}$ 为树种 i 碳层的林分生物量，吨（t）；CF 为树种 i 层的林木生物量含碳率（表4-4）。

表4-4 各优势树种的林木生物量含碳率

树种	CF	树种	CF
松类	0.511	硬阔类	0.497
杉类	0.510	软阔类	0.485

4.2.3 碳汇潜力预测方法

森林碳汇潜力的预测同样以碳层划分为基础，通过建立不同优势树种的

---

① 为更加直观地体现森林吸收二氧化碳的功能，在本书中碳储量、碳汇量的单位均以吨二氧化碳当量（tCO_2-e）表示，即利用 CO_2 与 C 的分子量比（44/12）将碳含量（t C）转换为二氧化碳当量（tCO_2-e）。

林分材积生长率模型，对未来不同时点的林分蓄积量进行预测，根据林分蓄积量预测结果计算林分生物量和林分碳储量，通过基期碳储量和末期碳储量之间的增量计算某一时间段内的碳汇量。

(1)林分蓄积量预测 利用森林资源清查的样地数据，建立主要优势树种的林分材积生长率模型。材积生长率计算公式如下：

$$P_v = a \times D^b \tag{4.3}$$

式中，P_v 为材积生长率，%(以复利式计算)；D 为林分平均胸径，厘米；a、b 为模型参数。

基于 2019—2021 年森林生长数据，拟合出各优势树种材积生长率模型参数(表 4-5)，利用此模型计算出各优势树种林分的材积生长率(表 4-6)。

基于各优势树种材积生长率计算结果，利用林分蓄积量预测模型计算未来不同时点的林分蓄积量。计算公式如下：

表 4-5 各优势树种林分材积生长率模型参数

优势树种	参数 a	参数 b
杉类	91.6951	−0.8708
松类	77.4558	−0.8270
硬阔类	62.6123	−0.8973
软阔类	59.7479	−0.8153

表 4-6 各优势树种林分材积生长率 %

行政区域	杉类	松类	硬阔类	软阔类
临沧市	12.24	8.78	7.05	9.87
临翔区	11.61	8.55	6.19	9.87
凤庆县	10.34	8.54	7.44	9.016
云 县	11.86	9.35	8.10	9.54
永德县	11.72	8.34	7.05	10.43
镇康县	11.84	8.65	7.13	9.69
双江县	13.90	8.75	7.35	9.60
耿马县	12.93	8.61	6.76	8.35
沧源县	15.22	9.89	6.68	8.82

$$V_{t,i} = V_{0,i}(1+P_{V,i})^t \tag{4.4}$$

式中，$V_{t,i}$ 为经过 t 年后优势树种 i 的林分蓄积量，立方米；$V_{0,i}$ 为基期优势树种 i 的林分蓄积量，立方米；$P_{V,i}$ 为优势树种 i 的林分材积生长率，%。

在生长量的计算中，根据《云南省森林资源规划设计调查操作细则（试行）》规定，可采用《云南省主要树种材积生长率表》和连清复查获得的各树种及龄组的年净生长率来计算。根据临沧市森林资源一张图数据统计临沧市森林资源优势树种，结合云南省主要树种的枯损率，年均枯损率统一取 0.75%。

(2)林分生物量预测　基于各优势树种未来不同时点的林分蓄积量预测结果，按照本章公式(4.1)求得各优势树种未来不同时点的林分生物量。

(3)林分碳储量预测　基于各优势树种未来不同时点的林分生物量预测结果，按照本章公式(4.2)求得各优势树种未来不同时点的林分碳储量。

(4)森林碳汇量预测　森林碳汇量预测采用"碳储量变化法"进行估算。即将各优势树种在某一时间段内的林分碳储量增量进行加总，求得该时间段内全市森林的碳汇量。计算公式如下：

$$\Delta C_{TREE,\ t_2-t_1} = \sum \frac{C_{TREE,\ i,\ t_2} - C_{TREE,\ i,\ t_1}}{t_2 - t_1} \tag{4.5}$$

式中，$\Delta C_{TREE,t_2-t_1}$ 为从 t_1 时点到 t_2 时点的森林碳汇量，$tCO_2\text{-}e$；C_{TREE,i,t_1} 为 t_1 时点优势树种 i 碳层的森林碳储量，$tCO_2\text{-}e$；C_{TREE,i,t_2} 为 t_2 时点优势树种 i 碳层的森林碳储量，$tCO_2\text{-}e$；t_2-t_1 为两个时点间隔时间，以年为单位。

4.3　森林碳汇本底测算

4.3.1　临沧市 2019 年森林碳储量

2019 年临沧市森林蓄积为 1.135 亿立方米。按照优势树种主要分为软阔类、硬阔类、松类和杉类。其中，硬阔类蓄积最高，为 4978.48 万立方米；松类次之，为 3541.97 万立方米；软阔类为 2769.27 万立方米；杉类蓄积为 60.47 万立方米。临沧市各区县森林资源分布较均匀，各区县森林蓄积均超过 1000 万立方米。其中，耿马县森林蓄积最高，为 2053.99 万立方米；永德县森林蓄积最低，为 1053.12 万立方米(表 4-7)。

表 4-7　临沧市 2019 年森林蓄积量　　　　　　　　　　立方米

行政区域	软阔类	杉类	松类	硬阔类	总计
临沧市	27692686	604715	35419663	49784780	113501844
临翔区	1433531	117787	9079861	5357453	15988631
凤庆县	1795568	25280	6655670	4073075	12549593
云　县	4502890	21390	6536663	2915221	13976163
永德县	930911	15424	3908970	5675884	10531190
镇康县	2766374	27548	878597	7060712	10733231
双江县	610831	7555	6300307	4059659	10978352
耿马县	6294318	96717	915787	13233069	20539891
沧源县	9358264	293013	1143808	7409707	18204791

2019 年临沧市森林总碳储量为 1.74 亿 tCO_2-e。按照优势树种主要分为软阔类、硬阔类、松类和杉类。其中，硬阔类碳储量最高，为 8095.86 万 tCO_2-e；松类碳储量次之，为 5113.31 万 tCO_2-e；软阔类碳储量为 4095.17 万 tCO_2-e；杉类碳储量为 85.71 万 tCO_2-e。森林碳储量与森林资源分布具有一致性，各区县森林碳储量分布均匀，森林碳储量均超过 1500 万 tCO_2-e。其中，耿马县森林碳储量最高，为 3074.76 万 tCO_2-e；永德县森林碳储量最低，为 1648.05 万 tCO_2-e（表 4-8）。

表 4-8　临沧市 2019 年森林碳储量　　　　　　　　　　tCO_2-e

行政区域	软阔类	杉类	松类	硬阔类	总计
临沧市	40951727.80	857051.99	51133141.52	80958644.04	173900565.35
临翔区	2120646.59	163406.19	12901554.84	8257515.46	23443123.08
凤庆县	2828949.86	37581.98	9686082.49	7811744.29	20364358.62
云　县	6739915.17	30816.93	9636998.95	5452222.28	21859953.33
永德县	1491650.44	21485.07	5859894.43	9107515.76	16480545.70
镇康县	4182047.71	41620.17	1303257.68	13723608.64	19250534.21
双江县	938339.81	12339.89	8671135.81	7443997.71	17065813.22
耿马县	9238789.92	126551.83	1388608.23	19993699.46	30747649.43
沧源县	13411388.28	423249.95	1685609.09	9168340.44	24688587.77

4.3.2　临沧市 2021 年森林碳储量

2021 年临沧市森林总蓄积为 1.163 亿立方米，按照优势树种主要分为软阔类、硬阔类、松类和杉类。其中，硬阔类蓄积最高，为 5126.83 万立方米；松类次之，为 3638.79 万立方米；软阔类为 2789.22 万立方米；杉类蓄积为 71.30 万立方米。临沧市 2021 年各区县森林资源分布较均匀，森林蓄积均呈现上涨的趋势，各区县森林蓄积均超过 1000 万立方米。其中，耿马县森林蓄积最高，为 2071.00 万立方米；永德县森林蓄积最低，为 1100.79 万立方米(表 4-9)。

表 4-9　临沧市 2021 年森林蓄积量　　　　　　　　　　　　立方米

行政区域	软阔类	杉类	松类	硬阔类	总计
临沧市	27892160	712994	36387921	51268331	116261407
临翔区	1559746	127438	9308348	5419596	16415129
凤庆县	1807793	32891	6801518	4176361	12818563
云　县	4624874	25072	6725430	3071906	14447283
永德县	946671	15654	4049952	5995652	11007928
镇康县	2775214	34543	870534	7347864	11028155
双江县	627601	8680	6495053	4184261	11315595
耿马县	6115157	103414	938350	13553127	20710049
沧源县	9435103	365303	1198736	7519563	18518705

2021 年临沧市森林碳储量为 1.88 亿 tCO_2-e，按照优势树种主要分为软阔类、硬阔类、松类和杉类。其中，硬阔类碳储量最高，为 9163.73 亿 tCO_2-e；松类碳储量次之，为 5379.40 亿 tCO_2-e；软阔类碳储量为 4125.83 万 tCO_2-e；杉类碳储量为 101.61 万 tCO_2-e。森林碳储量与森林资源分布具有一致性，各区县森林碳储量分布均匀，森林碳储量均超过 1800 万 tCO_2-e。其中，耿马县森林碳储量最高，为 3389.87 万 tCO_2-e；双江县森林碳储量最低，为 1849.31 万 tCO_2-e(表 4-10)。

表 4-10　临沧市 2021 年森林碳储量　　　　　　　　　　　tCO_2-e

行政区域	软阔类	杉类	松类	硬阔类	总计
临沧市	41258349.71	1016098.62	53794019.63	91637277.34	187705745.30
临翔区	2321075.10	175723.07	13479999.34	9177107.40	25153904.91
凤庆县	2848616.76	44892.99	10058945.43	8106567.93	21059023.11
云　县	6921272.14	35763.75	10027053.37	5987066.89	22971156.15
永德县	1516709.33	21984.36	6154838.13	10939546.02	18633077.84
镇康县	4222417.52	51147.17	1298895.52	14300277.72	19872737.94
双江县	962167.84	13748.37	9564965.35	7952250.75	18493132.31
耿马县	8956531.38	142033.56	1424766.12	23375379.40	33898710.46
沧源县	13509559.63	530805.34	1784556.38	11799081.24	27624002.59

4.3.3　临沧市 2019—2021 年森林碳汇量

2019—2021 年临沧市森林碳汇量（即碳储量的增量）为 1380.52 万 tCO_2-e。按照优势树种主要分为软阔类、硬阔类、松类和杉类。其中，硬阔类碳储量最高，为 1067.86 万 tCO_2-e；松类碳储量次之，为 266.09 万 tCO_2-e；软阔类碳储量为 30.66 万 tCO_2-e；杉类碳储量为 15.90 万 tCO_2-e。各区县森林碳汇量分布不均匀，其中耿马县和沧源县森林碳汇量较高，两县的碳汇量在 300 万 tCO_2-e 左右，双江县为 215 万 tCO_2-e，临翔区、云县和双江县都在 100 万 tCO_2-e 以上，凤庆县和镇康县在 70 万 tCO_2-e 以下（表 4-11）。

表 4-11　临沧市 2019—2021 年森林碳汇量　　　　　　　tCO_2-e

行政区域	软阔类	杉类	松类	硬阔类	总计
临沧市	306621.91	159046.63	2660878.11	10678633.30	13805179.95
临翔区	200428.51	12316.88	578444.50	919591.94	1710781.83
凤庆县	19666.90	7311.01	372862.94	294823.64	694664.49
云　县	181356.97	4946.82	390054.42	534844.61	1111202.82
永德县	25058.89	499.29	294943.70	1832030.26	2152532.14
镇康县	40369.81	9527.00	－ 4362.16	576669.08	622203.73
双江县	23828.03	1408.48	893829.54	508253.04	1427319.09
耿马县	－ 282258.54	15481.73	36157.89	3381679.94	3151061.03
沧源县	98171.35	107555.39	98947.29	2630740.80	2935414.82

4.4　森林碳汇潜力预测

4.4.1　森林碳储量预测

2025 年临沧市森林碳储量将达到 2.48 亿 tCO_2-e。基于优势树种划分，硬阔类碳储量最高，为 1.167 亿 tCO_2-e；松类碳储量为 0.732 亿 tCO_2-e；软阔类碳储量为 0.568 亿 tCO_2-e；杉类碳储量最低为 0.017 亿 tCO_2-e。基于行政区域划分，耿马县森林碳储量最高，为 4367.63 万 tCO_2-e；沧源县森林碳储量次之，为 3672.49 万 tCO_2-e；临翔区森林碳储量为 3310.84 万 tCO_2-e；云县森林碳储量为 3164.61 万 tCO_2-e；凤庆县、永德县、镇康县和双江县森林碳储量都超过 2000 万 tCO_2-e，分别为 2806.03 万 tCO_2-e、2444.43 万 tCO_2-e、2609.90 万 tCO_2-e 和 2465.14 万 tCO_2-e（表 4-12）。

表 4-12　临沧市 2025 年森林碳储量预测　　　　tCO_2-e

行政区域	软阔类	杉类	松类	硬阔类	总计
临沧市	56821792.40	1654783.00	73208603.12	116725399.25	248410577.77
临翔区	3291250.63	265417.44	18206785.05	11344901.73	33108354.85
凤庆县	3913764.87	64762.07	13577667.55	10504134.38	28060328.86
云　县	9694237.96	54506.61	13945536.45	7951789.51	31646070.52
永德县	2195121.06	33336.11	8247602.19	13968267.43	24444326.80
镇康县	5946156.70	77897.45	1760349.35	18314570.22	26098973.72
双江县	1350547.97	22536.10	13010914.68	10267353.68	24651352.43
耿马县	12004236.96	224958.20	1928196.22	29518867.49	43676258.88
沧源县	18426476.24	911369.04	2531551.61	14855514.82	36724911.71

2030 年临沧市森林碳储量将达到 3.20 亿 tCO_2-e。基于优势树种划分，硬阔类的森林总碳储量最高，为 1.45 亿 tCO_2-e；松类总碳储量为 0.965 亿 tCO_2-e；软阔类总碳储量为 0.756 亿 tCO_2-e；杉类总碳储量最少，为 0.025 亿 tCO_2-e。基于不同区域划分，耿马县森林总碳储量最高，为 5496.25 万 tCO_2-e；沧源县森林碳储量次之，为 4752.04 万 tCO_2-e；临翔区森林总碳储量为 4248.53 万 tCO_2-e；云县森林碳储量次之，为 4211.68 万 tCO_2-e；凤庆县、永德县、镇康县和双江县森林碳储量都超过 3000 万 tCO_2-e，分别为 3632.94 万 tCO_2-e、3124.45 万 tCO_2-e、3338.17 万 tCO_2-e 和 3193.03 万 tCO_2-e(表 4-13)。

表 4-13　临沧市 2030 年森林碳储量预测表　　　　tCO_2-e

行政区域	软阔类	杉类	松类	硬阔类	总计
临沧市	75637740.78	2501387.00	96524031.11	145307677.11	319970836.01
临翔区	4484554.58	378942.54	23853760.97	13767992.33	42485250.41
凤庆县	5198429.05	89254.84	17779740.85	13262007.39	36329432.12
云　县	13079064.46	78350.46	18713957.14	10245471.88	42116843.94
永德县	3040128.23	47735.85	10735280.44	17421328.39	31244472.91
镇康县	8057305.48	111914.50	2312827.83	22899659.88	33381707.68
双江县	1825256.19	34177.07	17146211.52	12924625.82	31930270.61
耿马县	15623237.27	332749.98	2530389.78	36476117.80	54962494.83
沧源县	24329765.53	1428261.75	3451862.58	18310473.62	47520363.48

2060 年临沧市森林碳储量将达到 9.27 亿 tCO_2-e。基于优势树种划分，硬阔类的森林总碳储量最高，为 3.671 亿 $tCO2-e$;松类总碳储量为 3.037 亿 tCO_2-e；

软阔类总碳储量为 2.445 亿 tCO_2-e；杉类总碳储量最少，为 0.113 亿 tCO_2-e。基于不同区域划分，耿马县、沧源县、临翔区、凤庆县和云县森林总碳储量均超过 1 亿 tCO_2-e，其中，耿马县最高，为 1.46 亿 tCO_2-e；沧源县森林碳储量次之，为 1.403 亿 tCO_2-e；临翔区森林总碳储量为 1.224 亿 tCO_2-e；云县森林碳储量为 1.354 亿 tCO_2-e；凤庆县为 1.067 亿 tCO_2-e；镇康县和双江县森林碳储量超过 9000 万 tCO_2-e，分别为 9376.58 万 tCO_2-e 和 9400.87 万 tCO_2-e；永德县森林碳储总量最低，为 8788.64 万 tCO_2-e(表 4-14)。

表 4-14 临沧市 2060 年森林碳储量预测表 tCO_2-e

行政区域	软阔类	杉类	松类	硬阔类	总计
临沧市	244497297.29	11254335.26	303680307.71	367070939.99	926502880.26
临翔区	15553227.64	1467528.44	73498542.04	31846235.62	122365533.74
凤庆县	16670814.11	313614.89	54692417.06	35070321.82	106747167.88
云　县	44020917.56	308955.38	62198201.26	28910632.80	135438707.00
永德县	11066030.82	186332.29	32384591.82	44249436.95	87886391.88
镇康县	27480694.98	440690.81	7191027.75	58653435.40	93765848.95
双江县	6175852.37	154343.82	53830320.78	33848149.74	94008666.71
耿马县	46954061.47	1412745.28	7837958.77	89800174.14	146004939.66
沧源县	76575698.34	6970124.35	12047248.22	44692553.52	140285624.43

2021—2060 年，临沧市森林碳储量变化情况见表 4-15，由此可以看出森林碳储量的增长趋势。

表 4-15 临沧市 2021—2060 年森林碳储量预测表 tCO_2-e

年份	软阔类	杉类	松类	硬阔类	总计	增量
2021	41258349.71	1016098.62	53794019.63	91637277.34	187705745.30	
2025	56821792.40	1654783.00	73208603.12	116725399.25	248410577.77	60704832.47
2030	75637740.78	2501387.00	96524031.11	145307677.11	319970836.01	71560258.24
2035	97246327.84	3529270.25	123190958.24	176586760.62	400553316.94	80582480.93
2040	121590727.36	4736218.02	153143634.05	210384828.98	489855408.40	89302091.47
2045	148591819.87	6118185.01	186290145.63	246518539.87	587518690.37	97663281.96
2050	178152609.29	7669708.52	222517401.75	284801769.64	693141489.20	105622798.83
2055	210161886.56	9384227.50	261695310.29	325047780.12	806289204.47	113147715.27
2060	244497297.29	11254335.26	303680307.71	367070939.99	926502880.26	120213675.78

4.4.2 森林碳汇量预测

2021—2025 年临沧市森林碳储量增量(碳汇量)将达到 6070.48 万 tCO_2-e。基于优势树种划分,硬阔类的森林碳汇量最高,为 2508.81 万 tCO_2-e;松类碳汇量为 1941.46 万 tCO_2-e;软阔类碳汇量为 1556.34 万 tCO_2-e;杉类碳汇量最少,为 63.87 万 tCO_2-e。基于不同区域划分,耿马县森林碳汇量最高,为 977.75 万 tCO_2-e;沧源县碳汇量次之,为 910.09 万 tCO_2-e;云县森林碳汇量为 867.49 万 tCO_2-e;临翔区森林碳汇量为 795.44 万 tCO_2-e;凤庆县、永德县、镇康县和双江县森林碳汇量分别为 700.13 万 tCO_2-e、581.12 万 tCO_2-e、615.82 万 tCO_2-e 和 615.82 万 tCO_2-e(表 4-16)。

表 4-16 临沧市 2021—2025 年森林碳汇量预测表 tCO_2-e

行政区域	软阔类	杉类	松类	硬阔类	总计
临沧市	15563442.69	638684.39	19414583.49	25088121.91	60704832.47
临翔区	970175.53	89694.37	4726785.72	2167794.33	7954449.94
凤庆县	1065148.11	19869.07	3518722.12	2397566.45	7001305.75
云 县	2772965.82	18742.86	3918483.08	1964722.61	8674914.38
永德县	678411.73	11351.75	2092764.06	3028721.42	5811248.96
镇康县	1723739.17	26750.27	461453.83	4014292.50	6226235.78
双江县	388380.13	8787.73	3445949.33	2315102.93	6158220.13
耿马县	3047705.58	82924.65	503430.10	6143488.09	9777548.42
沧源县	4916916.62	380563.70	746995.23	3056433.57	9100909.12

2025—2030 年临沧市森林碳储量增量(碳汇量)将达到 7156.03 万 tCO_2-e。基于优势树种划分,硬阔类的森林碳汇量最高,为 2858.23 万 tCO_2-e;松类碳汇量为 2331.54 万 tCO_2-e;软阔类碳汇量为 1881.59 万 tCO_2-e;杉类碳汇量最少,为 84.66 万 tCO_2-e。基于不同区域划分,碳汇量超过 1000 吨的县为云县、耿马县和沧源县。其中,耿马县森林碳汇量最高,为 1128.62 万 tCO_2-e;沧源县碳汇量次之,为 1079.55 万 tCO_2-e;云县森林碳汇量为 1047.08 万 tCO_2-e;临翔区森林碳汇量为 937.69 万 tCO_2-e;凤庆县、永德县、镇康县和双江县森林碳汇量分别为 826.91 万 tCO_2-e、680.01 万 tCO_2-e、728.27 万 tCO_2-e 和 727.89 万 tCO_2-e(表 4-17)。

2021—2060 年临沧市森林碳储量增量(碳汇量)将达到 7.39 亿 tCO_2-e。基于优势树种划分,硬阔类的森林碳汇量最高,为 2.75 亿 tCO_2-e;松类碳汇量次之,为 2.50 亿 tCO_2-e;软阔类碳汇量为 2.03 亿 tCO_2-e;杉类碳汇量最少，为 0.10 亿 tCO$_2$-e。2021—2025 年森林碳汇量为 0.61 亿 tCO$_2$-e，2025—
2030 年森林碳汇量为 0.72 亿 tCO$_2$-e，2030—2035 年森林碳汇量为 0.81 亿
tCO$_2$-e，2035—2040 年森林碳汇量为 0.89 亿 tCO$_2$-e，2040—2045 年森林碳汇
量为 0.98 亿 tCO$_2$-e，2045—2050 年森林碳汇量为 1.06 亿 tCO$_2$-e，2050—
2055 年森林碳汇量为 1.13 亿 tCO$_2$-e，2055—2060 年森林碳汇量为 1.20 亿
tCO$_2$-e(表 4-18)。

表 4-17　临沧市 2025—2030 年森林碳汇量预测表　　　　tCO$_2$-e

行政区域	软阔类	杉类	松类	硬阔类	总计
临沧市	18815948.38	846604.00	23315427.99	28582277.86	71560258.24
临翔区	1193303.95	113525.10	5646975.92	2423090.60	9376895.56
凤庆县	1284664.17	24492.77	4202073.30	2757873.01	8269103.26
云　县	3384826.49	23843.86	4768420.69	2293682.38	10470773.42
永德县	845007.17	14399.74	2487678.25	3453060.96	6800146.11
镇康县	2111148.78	34017.06	552478.47	4585089.66	7282733.97
双江县	474708.22	11640.98	4135296.84	2657272.15	7278918.18
耿马县	3619000.31	107791.78	602193.56	6957250.31	11286235.96
沧源县	5903289.29	516892.71	920310.97	3454958.80	10795451.77

表 4-18　临沧市 2021—2060 年森林碳汇量预测表　　　　tCO$_2$-e

年份	软阔类	杉类	松类	硬阔类	总计	累计
2025	15563442.69	638684.39	19414583.49	25088121.91	60704832.47	60704832.47
2030	18815948.38	846604.00	23315427.99	28582277.86	71560258.24	132265090.71
2035	21608587.06	1027883.24	26666927.12	31279083.50	80582480.93	212847571.64
2040	24344399.52	1206947.78	29952675.81	33798068.36	89302091.47	302149663.11
2045	27001092.51	1381966.98	33146511.58	36133710.89	97663281.96	399812945.07
2050	29560789.42	1551523.51	36227256.13	38283229.77	105622798.83	505435743.90
2055	32009277.27	1714518.98	39177908.54	40246010.48	113147715.27	618583459.17
2060	34335410.73	1870107.76	41984997.42	42023159.88	120213675.78	738797134.96
合计	203238947.58	10238236.65	249886288.08	275433662.65	738797134.96	

4.5　结论与讨论

根据以上森林碳汇本底和潜力测算结果，可以得出如下基本结论：

4.5.1 森林碳汇优势显著，在"碳中和"中发挥着重要作用

2019 年临沧市森林碳储量为 1.74 亿 tCO_2-e，2021 年森林碳储量为 1.88 亿 tCO_2-e，两年间增加了 1380.52 万 tCO_2-e，年均增加碳汇 690.26 万 tCO_2-e。

2021 年，我国的二氧化碳排放总量约为 119 亿 tCO_2-e，当年的人口总数为 14.12 亿人，人均二氧化碳排放量约为 8.43 $tCO_2-e/$（人·年）。按此人均排放强度计算，临沧市森林 2021 年吸收的二氧化碳量可以抵消约 82 万人一年的二氧化碳排放量，相当于全市常住人口 225.79 万人的 36%。

2021 年，我国的国内生产总值（GDP）约 114 万亿元，二氧化碳排放总量约为 119 亿 tCO_2-e，即每 1 万元 GDP 的二氧化碳排放强度大约为 1 tCO_2-e。按此单位 GDP 二氧化碳排放强度计算，临沧市森林 2021 年吸收的二氧化碳量可以抵消 690 亿元 GDP 的二氧化碳排放量，相当于临沧市 2021 年地区生产总值（GDP）908.48 亿元的 76%。

4.5.2 森林碳汇潜力巨大，提升森林质量任重而道远

根据预测结果，到 2025 年临沧市的森林碳储量将达到 2.48 亿 tCO_2-e，到 2030 年将达到 3.20 亿 tCO_2-e，到 2060 年将达到 9.27 亿 tCO_2-e，比 2021 年分别增加 0.61 亿 tCO_2-e、1.32 亿 tCO_2-e、7.39 亿 tCO_2-e。

但是，以上预测结果是基于现有森林生长情况建模计算而来的，其前提是必须保持森林拥有持续、旺盛的生长状态。可以说，当前临沧市森林碳汇的优势，主要来源于覆盖率超过 70% 森林总量，森林质量对碳汇的贡献并不高。

目前，临沧市森林的每公顷蓄积量只有 70.6 立方米，低于每公顷 90 立方米的全国平均水平，更低于每公顷 101 立方米的云南省平均水平，与德国森林每公顷 300 多立方米、日本森林每公顷 200 多立方米的水平相比差距更大。

根据国家林业和草原局发布的《中国 2021 林草资源及生态状况》，全国森林的平均碳密度为 40.66tC/公顷；有关研究结果显示，云南省森林平均碳密度为 44.96tC/公顷（涂宏涛等，2023）；而临沧市森林的平均碳密度仅有 30.87tC/公顷。

加强森林可持续经营，不断提升森林质量，是保持和提高临沧市森林碳汇能力的根本途径。森林可持续经营，就是在可持续发展理念指导下，遵循自然规律，通过实施科学经营措施，促进森林质量提升和保持森林生态系统健康稳定。2023 年上半年，国家林业和草原局印发了《全国森林可持续经营试

点实施方案(2023—2025 年)》,制定了《全国森林可持续经营试点工作管理办法》《全国森林可持续经营试点工作专家衔接机制(试行)》,组建了全国森林可持续经营专家委员会,计划用 3 年时间引领各地建立以森林经营方案为核心的制度体系,建设一批示范模式林,打造全国先进样板,形成一批可复制可推广的典型经验和机制措施。到目前为止,国家林业和草原局已经建立森林可持续经营试点 368 个。按照国家林业和草原局相关规划,通过未来 20~30 年的不断努力,力求使我国森林单位面积生长量提高 50%,年均吸收二氧化碳能力达到 18 亿~24 亿 tCO_2-e。因此,持之以恒开展森林可持续经营,坚持不懈实施森林质量精准提升工程,是未来临沧市林业的主要任务。

4.5.3 森林碳汇价值尚未实现,发展森林碳汇事业前景广阔

大力发展森林碳汇事业,既是助力实现碳达峰碳中和目标的重要抓手,也是践行"绿水青山就是金山银山"理念、推动生态产品价值实现、赋能乡村振兴的有效途径。近年来,随着我国"双碳"目标的提出,很多地方积极发展森林碳汇事业,逐步形成了具有本地特色的"碳普惠""碳交易"体系。一方面,积极开发和储备国家核证自愿减排项目(CCER)、国际核证减排标准项目(VCS)等林业碳汇项目;另一方面,积极发展地方林业碳汇项目,如北京市核证减排项目(BCER)、广东省碳普惠核证减排项目(PHCER)、福建省林业碳汇减排项目(FFCER)、贵州的单株树碳汇扶贫项目等;同时,不断创新森林碳汇价值实现途径,涌现出福建省的森林"碳票"、浙江省的森林"碳账户"、云南省宁洱县的"宁碳惠"等新机制,推出了"零碳机构""零碳会议""零碳活动"等多种应用场景。

项目组在调研中了解到,尽管临沧市在碳汇造林项目方面有一定的实践基础,但总体来看,在体制机制、市场开拓、理论技术研究和人才队伍等方面均相对滞后,这是与临沧市作为森林资源大市的地位极不相称的。临沧市拥有丰富的森林资源,森林碳汇潜力巨大,大力发展森林碳汇事业,有着得天独厚的优势和极其广阔的前景。因此,要加快推进临沧市森林碳汇事业发展,在吸收借鉴其他地区成功经验的基础上,构建具有临沧特色的森林碳汇管理、开发、交易和应用体系。

第5章

山水林田湖草系统治理评估指标体系研建

　　山水林田湖草综合治理是一个复杂的系统工程，涉及多个生态系统类型、多种生态要素，如何评判山水林田湖草系统治理在提升生态系统多样性、稳定性和可持续性，促进区域经济社会发展方面取得的成效，目前仍是一个亟待研究的课题。临沧市作为国家可持续发展创新示范区，迫切需要将山水林田湖草系统治理与联合国 2030 年可持续发展目标相结合，与国家生态文明和美丽中国的目标相结合，与临沧市建设国家可持续发展议程创新示范区、生态文明建设排头兵先行示范区与临沧市文明示范区的目标相结合，研建符合临沧特点的山水林田湖草系统治理评估指标体系，为综合评价示范区山水林田湖草系统治理成效提供理论和技术支撑。

5.1　生态治理与可持续发展相关指标体系综述

5.1.1　联合国《2030 年可持续发展议程》目标

　　《2030 年可持续发展议程》在联合国千年发展目标基础上，设置了 17 个目标，增加了气候变化、减贫、创新、可持续消费、和平与正义等新领域(United Nations，2015)。在森林生态(目标 15)方面，从保护、恢复和促进可持续利用陆地生态系统，可持续管理森林，防治荒漠化，制止和扭转土地退化，遏制生物多样性的丧失等多个角度，全面设定了战略目标与指标(专栏 5-1)。

5.1.2　《联合国森林战略规划(2017—2030 年)》目标

　　2017 年 4 月第 71 届联合国大会审议通过了《联合国森林战略规划(2017—2030 年)》，这是首次以联合国名义作出的全球森林发展战略，彰显了国际社会对林业的高度重视。规划阐述了 2030 年全球林业发展愿景与使命，制定了全球森林目标和行动领域，包括森林可持续管理、气候变化、林业减贫、自然保护地、生态旅游、林业产业发展、林业科研以及科技合作和林业治理保障体系等林业重点领域的目标(国家林业局办公室, 2017)。《联合国森林战略规划(2017—2030 年)》站在全球森林发展和生态环境保护修复角度, 实施主体基本是国家政府, 具有官方性、普遍性, 对全球林草和生态治理体系具有推动和引领作用(专栏 5-2)。

专栏 5-1　联合国《2030 年可持续发展议程》之目标 15

15.1　到 2020 年, 保护、恢复和可持续利用陆地和内陆的淡水生态系统及其服务, 特别是森林、湿地、山麓和旱地;

15.2　到 2020 年, 推动对所有类型森林进行可持续管理, 停止毁林, 恢复退化的森林, 大幅增加全球植树造林和重新造林;

15.3　到 2030 年, 防治荒漠化, 恢复退化的土地和土壤, 包括受荒漠化、干旱和洪涝影响的土地, 努力建立一个不再出现土地退化的世界;

15.4　到 2030 年, 保护山地生态系统, 包括其生物多样性, 以便加强山地生态系统的能力, 使其能够带来对可持续发展必不可少的益处;

15.5　采取紧急重大行动来减少自然栖息地的退化, 遏制生物多样性的丧失, 到 2020 年, 保护受威胁物种, 防止其灭绝;

15.6　公正和公平地分享利用遗传资源产生的利益, 促进适当获取这类资源;

15.7　采取紧急行动, 终止偷猎和贩卖受保护的动植物物种, 处理非法野生动植物产品的供求问题;

15.8　到 2020 年, 采取措施防止引入外来入侵物种并大幅减少其对土地和水域生态系统的影响, 控制或消灭其中的重点物种;

15.9　到 2020 年, 把生态系统和生物多样性价值观纳入国家和地方规划、发展进程、减贫战略和核算;

15.a　从各种渠道动员并大幅增加财政资源, 以保护和可持续利用生物多样性和生态系统;

15.b　从各种渠道大幅动员资源, 各个层级为可持续森林管理提供资金支持, 并为发展中国家推进可持续森林管理, 包括保护森林和重新造林, 提供充足的激励措施;

15.c　在全球加大支持力度, 打击偷猎和贩卖受保护物种, 包括增加地方社区实现可持续生计的机会。

专栏 5-2　《联合国森林战略规划(2017—2030 年)》目标设定

目标一: 通过森林可持续管理, 包括保护和恢复森林、造林和再造林, 扭转全球森林覆盖下降趋势, 并加大努力防止森林退化, 应对气候变化。

1. 减少/停止毁林
2. 减少/停止森林退化
3. 维持和改进森林健康
4. 造林和再造林
5. 森林景观恢复
6. 天然林更新
7. 森林为减缓与适应气候变化作出贡献
8. 减缓/遏制森林生物多样性损失
9. 减少外来物种入侵的影响
10. 林火控制与管理
11. 加强森林在防治土地退化和荒漠化中的作用
12. 应对沙尘暴
13. 动植物保护与管理

14. 以创新手段可持续管理天然林与人工林
15. 通过森林减少灾害风险
16. 控制森林内及周边地区采矿作业
17. 林业防治空气、水和土壤污染

目标二：增加森林的经济、社会及环境效益，改善以森林为生者的生计。
1. 林业为减贫和改善民生作出贡献
2. 改进集体林经营
3. 高附加值林产品的生产加工
4. 改进林业工作者的工作环境，提高森林工作者的收入
5. 提高林产品的竞争力与多样性
6. 对林产品与服务进行价值评估
7. 生态系统服务补偿机制
8. 提高森林的生态保护效益(保持水土等)
9. 保护和可持续利用森林及森林以外树木的遗传生物多样性
10. 保护和推广传统涉林知识
11. 开展涉林教育、培训和拓展
12. 发展城市林业
13. 推动林产品的可持续生产与消费
14. 提高森林的社会经济效益
15. 发展生态旅游
16. 注重不同类型森林的重要性和特征(如针叶林、温带林和热带林)
17. 开展农林复合经营
18. 加强林业科学研究
19. 开发新型和创新林产品
20. 加强妇女和女童在森林可持续管理中的作用
21. 使用可持续建筑材料

目标三：大幅增加森林保护区及其他可持续管理林区面积，提高可持续管理林产品比例。
1. 森林保护地及网络的管理
2. 通过其他有效的地域保护措施加强森林保护，视情况建立或扩大国家公园
3. 保护和可持续利用森林(包括用材林)生物多样性
4. 用于生产木材和非木质林产品森林的可持续管理
5. 强化森林的生产功能
6. 发展能源林和薪材林，包括可持续利用木质生物质材料
7. 提高可持续管理林区林产品的竞争力
8. 利用基于市场的工具
9. 建立和完善森林可持续管理的激励机制和其他公共政策工具
10. 开展林产品的合法性认证与跟踪
11. 减少采伐造成的影响
12. 使用空间和土地利用规划工具
13. 加强土著居民和当地社区在森林可持续管理中的作用
14. 建立市场和基础设施，推动可持续管理林产品的生产与消费
15. 保护和可持续利用森林生物多样性

目标四：增加新的和额外的资金，实施森林可持续管理，加强科技合作与伙伴关系。

1. 加强实现森林可持续管理的执行机制
2. 为履行《联合国森林文书》提供资金支持
3. 鼓励国际公共资金和国家预算投资森林可持续管理
4. 鼓励私有外资和国内私营资金投资森林可持续管理和涉林企业
5. 开展能力建设，提升获得和筹集森林可持续管理资金的能力
6. 为发展中国家提高能力建设提供专业知识
7. 建立公私伙伴关系
8. 推广环保和创新的涉林技术和发明
9. 开展南北、南南、北北和三方科技合作
10. 提高涉林产业效率
11. 推动森林的科技与政策对接
12. 推广最佳实践与创新工具
13. 强化区域和次区域林业资金来源与机制
14. 建立履行《联合国森林文书》和《战略规划》示范项目与示范单位

目标五：通过履行《联合国森林文书》等方式，完善森林可持续管理的治理体系，提高森林对《2030 年可持续发展议程》的贡献。

1. 加强各层级跨部门协调
2. 将森林价值纳入国家规划与核算体系
3. 为森林可持续管理创造良好的投资环境
4. 加强森林执法、治理与贸易
5. 打击非法采伐与相关贸易
6. 明晰林地使用权和所有权
7. 推动实现林业部门的性别平等，包括为妇女和女童赋权
8. 各层级利益攸关方参与
9. 公众参与林业决策制定
10. 建立民间团体伙伴关系
11. 加强科研在森林可持续管理中的作用
12. 完善森林可持续管理的标准与指标
13. 提高森林资源清查与林业数据的可用性
14. 完善国家森林资源清查与其他官方涉林数据
15. 完善森林可持续管理的法律政策与机制框架

目标六：加强各层级涉林问题的合作、协调、统一和协同增效，包括联合国系统内和森林合作伙伴关系成员组织、不同领域与利益攸关方之间的协作。

1. 提高全球森林治理的连贯性/减少全球森林治理的破碎化
2. 加强涉林项目和活动的统一与协作
3. 鼓励森林合作伙伴关系成员组织开展联合活动与项目
4. 在成员国、森林合作伙伴关系、区域和次区域组织及进程，主要群体和其他非政府利益攸关方之间开展协作
5. 协调各层级工作计划与行动方案
6. 改进并协调数据收集、报告周期与格式
7. 加强各标准和指标进程间的协调
8. 就森林可持续管理达成共识
9. 建立区域/次区域协调机制

5.1.3 经济合作与发展组织（OECD）目标

OECD 开展的"OECD 环境指标工作计划"提出世界上第一套环境指标体系，并引入"压力—状态—响应模型"（PSR），重点研究气候变化、环境损坏、城市环境品质、生物多样性景观、自然资源等重要环境议题，依据 PSR 特性提出进一步的指标作为评估依据。2001 年，OECD 提出可持续发展指标的核心分类指标，包括资源指标及其结果指标，资源指标涵盖了环境资产、经济资产、人力资产等。通过环境问题指标（行）、PSR 指标（列）构建了"时间序列"，对每一个环境问题进行分析。OECD 可持续发展指标体系包括 3 类指标体系：

（1）核心环境指标 约 50 个指标，主要分为环境压力指标、环境状态指标和社会响应指标 3 类，主要用于跟踪、监测环境变化的趋势。

（2）部门指标 着眼于专门部门，包括反映部门环境变化趋势、部门与环境相互作用、经济与政策 3 个方面的指标。

（3）环境核算指标 与自然资源可持续管理有关的自然资源核算指标，以及环境费用支出指标。

为使更多的公众参与，OECD 又提出"关键环境指标"，如水资源利用强度、CO_2 排放强度等，以增强公众环境意识，引导公众和相关部门聚焦关键环境问题（张志强等，2002）。

5.1.4 有关国家的生态综合治理指标

发达国家虽然没有形成统一和固定的生态综合治理指标体系，但其所采取的多样化措施与实践经验，无疑为其他国家提供了宝贵的参考。这些国家的生态保护与综合治理工作包括以下几个关键方面：

一是注重建立完备的治理体系。发达国家通常具有完备的林业产权、法律法规体系、履行国际公约的能力。例如，美国、加拿大、德国、日本和新西兰等国家，不仅林业产权清晰，还通过众多相关法律（如美国涉林法律多达100 多种、德国和日本均为 30 多种）真正做到依法治林，加入并引领多项涉林国际公约，在国际上也具有很强的影响力。

二是注重提升生态系统的服务功能。发达国家普遍将林业资源总量和质量作为发展基础，注重发挥林草提供优质生态产品和服务功能，并将生态系统服务价值观纳入国家社会发展规划和绿色核算体系。一些国家如美国、加拿大、芬兰、瑞典、丹麦等，特别注重濒危物种保护、国家公园等自然保护地建设，并大力发展绿道、森林步道，推进特色森林小镇和城市森林建设。

其中，加拿大划出 43.8% 的森林为非商业采伐的保留林，禁止采伐木材，以保护环境和景观，供森林游憩之用；此外，加拿大联邦政府建立了面积达 29.89 万公顷的国家公园体系（刘志伟等，2022），加上省级公园，共同构成庞大的自然保护网络，不仅有效保护了生态系统，而且促进了旅游休闲康养产业的融合发展。

三是注重促进绿色增长。发达国家不仅将林草资源作为战略性资源，而且还将其作为绿色财富和推进绿色增长的重要资源，将就业、林农经济收入、林产品数量规模和国际贸易等作为衡量林业产业发展的重要指标。例如，德国非常重视林业绿色财富增长和积累，其林业产业年销售额达国民生产总值（GNP）的 5%；在森林培育和木材生产及木材工业领域就业的人口达到 130 万，是汽车工业的近 2 倍；旅游业的年收入均在 700 亿欧元以上，旅游业从业人员约有 140 万，每年接待旅客达 3 亿人次。芬兰高度重视发展出口导向型林业，林业部门出口额约占总出口贸易额的 20%，林业在工业总产值中的比重达到 20% 左右，林业就业人数占国内工业就业人数的 16%（Vesa Kytöoja，2012）。

四是注重夯实基础保障。机械化、信息化及人工林认证水平高，是发达国家森林经营的特点。美国、德国、瑞典、芬兰等国家从幼树栽植到林木采伐、运输和加工，均在信息化基础上采用机械化作业，提高生产效率。作为发展中国家的南非，已有超过 80% 的人工林获得认证，被认为是世界上人工林面积认证比例最高的国家之一。同时，林道密度和近自然度也是反映林业现代化的重要指标，发达国家林区道路网平均密度为 15~25 米/公顷，德国现已超过 100 米/公顷，奥地利早在 20 世纪 90 年代中期就已达到 89 米/公顷（陈绍志等，2015）。德国、法国、奥地利等国家推行近自然多功能森林经营理念，提高了生态系统的稳定性。

另外，发达国家在推进家庭林业现代化的过程中，一个重要特征就是高组织化程度，实现了小规模林业的集约化经营和社会化服务。根据日本《林业统计要览 2022》（林野厅，2023），2020 年该国共有 613 个森林组合（该数据在 1990 年甚至高达 1651 个）（苏秀丽，2011），吸引了近 150 万林农的参与，这些参与者约占全国私有林所有者的 40%，会员所有的森林面积达 1056 万公顷，约占全国私有林总面积的 70%。由此可见，通过这些合作组织，大量小规模林业资源得以整合与高效利用。发达国家还会定期统计各地家庭林业合作组织的规模，并据此提供相应服务，增强了林业经营管理的专业性和可持续性。此外，科技进步贡献率和良种使用率也是衡量林业现代化建设的重要指标，受到各国高度重视。

综合来看，发达国家的这些指标经过长期的实践完善，充分体现了生态系统的多功能和多效益，对于包括中国在内的其他国家在构建和完善具有本国特色的生态综合治理指标体系时，具有重要的参考价值。

5.1.5 我国的生态文明和美丽中国指标体系

2016 年 12 月，为深入贯彻落实中共中央、国务院《关于加快推进生态文明建设的意见》《生态文明体制改革总体方案》，按照中共中央办公厅、国务院办公厅印发的《生态文明建设目标评价考核办法》要求，国家发展改革委、国家统计局、环境保护部、中央组织部等部门制定印发了《生态文明建设考核目标体系》和《绿色发展指标体系》，目的是为开展生态文明建设评价考核提供依据(国家发改委等，2016)。

生态文明建设考核目标体系包括资源利用、环境治理、环境质量、生态保护、绿色生活 5 个一级指标、23 个二级指标(表 5-1)，主要考核国民经济和社会发展规划纲要确定的资源环境约束性指标，以及党中央、国务院部署的生态文明建设重大目标任务完成情况，强化省级党委和政府生态文明建设的主体责任，每个五年规划期结束后开展一次。

表 5-1　生态文明建设考核目标体系

类　别	指　标
资源利用(30 分)	单位 GDP 能耗降低、单位 GDP 二氧化碳排放减低、非化石能源占一次能源消费比重、能源消费总量、万元 GDP 用水量下降、用水总量、耕地保有量、新增建设用地规模
生态环境保护(40 分)	地级及以上城市空气质量优良天数比率、细颗粒物(PM$_{2.5}$)未达标地级及以上城市浓度下降、地表水达到或好于Ⅲ类水体比例、近岸海域水质优良(一、二类)比例、地表水劣 V 类水体比例、化学需氧量排放总量减少、氨氮排放总量减少、二氧化硫排放总量减少、森林覆盖率、森林蓄积量、草原综合植被覆盖度
年度评价结果(20 分)	各地区生态文明建设年度评价的综合情况
公众满意程度(10 分)	居民对本地区生态文明建设、生态环境改善的满意程度
生态环境事件(扣分项)	地区重特大突发环境事件、造成恶劣社会影响的其他环境污染责任事件、严重生态破坏责任事件的发生情况

绿色发展指标体系包括资源利用、环境治理、环境质量、生态保护、增长质量、绿色生活、公众满意程度等 7 类一级指标、56 个二级指标(表 5-2)，以此来衡量地方每年生态文明建设的动态进展，侧重于工作引导。

表 5-2　绿色发展指标体系

类别	指标
资源利用 （权数 = 29.3%）	能源消费总量、单位 GDP 能源消耗降低、单位 GDP 二氧化碳排放降低、非化石能源占一次能源消费比例、用水总量、万元 GDP 用水量下降、单位工业增加值用水量降低率、农田灌溉水有效利用系数、耕地保有量、新增建设用地规模、单位 GDP 建设用地面积降低率、资源产出率、一般工业固体废物综合利用率、农作物秸秆综合利用率
环境治理 （权数 = 16.5%）	化学需氧量排放总量减少、氨氮排放总量减少、氧化硫排放总量减少、氧化物排放总量减少、危险废物处置利用率、生活垃圾无害化处理率、污水集中处理率、环境污染治理投资占 GDP 比重
环境质量 （权数 = 19.3%）	地级及以上城市空气质量优良天数比率、细颗粒物（PM$_{2.5}$）未达标地级及以上城市浓度下降、地表水达到或好于 III 类水体比例、地表水劣 V 类水体比例、重要江河湖泊水功能区水质达标率、地级及以上城市集中式饮用水水源水质达到或优于 III 类比例、近岸海域水质优良（一、二类）比例、受污染耕地安全利用率、单位耕地面积化肥使用量、单位耕地面积农药使用量
生态保护 （权数 = 16.5%）	森林覆盖率、森林蓄积量、草原综合植被覆盖度、自然岸线保有率、湿地保护率、陆域自然保护区面积、海洋保护区面积、新增水土流失治理面积、可治理沙化土地治理率、新增矿山恢复治理面积
增长质量 （权数 = 9.2%）	人均 GDP 增长率、居民人均可支配收入、第三产业增加值占 GDP 比重、战略性新兴产业增加值占 GDP 比重、研究与试验发展经费支出占 GDP 比重
绿色生活 （权数 = 9.2%）	公共机构人均能耗降低率、绿色产品市场占有率、高效节能产品市场占有率、新能源汽车保有量增长率、绿色出行（城镇每万人口公共交通客运量）、城镇绿色建筑占新建建筑比重、城市建成区绿地率、农村自来水普及率、农村卫生厕所普及率
公众满意度	公众对生态环境质量满意程度

　　2020 年 2 月，国家发展改革委关于印发《美丽中国建设评估指标体系及实施方案》。其中，美丽中国建设评估指标体系设置了空气清新、水体洁净、土壤安全、生态良好、人居整洁等 5 个一级指标，同时按照突出重点、群众关切、数据可得的原则，注重美丽中国建设进程结果性评估，分类细化设置了 22 个二级指标（表 5-3）。实施方案明确，将由第三方机构（中国科学院）对全国及 31 个省、自治区、直辖市开展美丽中国建设进程评估。以 2020 年为基年，以 5 年为周期开展 2 次评估。其中，结合国民经济和社会发展五年规划中期评估开展 1 次，五年规划实施完成后开展 1 次（国家发展改革委，2020）。

表 5-3　美丽中国建设评估指标体系

类别	指 标
空气清新	地级及以上城市细颗粒物(PM$_{2.5}$)浓度、地级及以上城市可吸入颗粒物(PM$_{10}$)浓度、地级及以上城市空气质量优良天数比例
水体洁净	地表水水质优良(达到或好于Ⅲ类)比例、地表水劣Ⅴ类水体比例、地级及以上城市集中式饮用水水源地水质达标率
土壤安全	受污染耕地安全利用率、污染地块安全利用率、农膜回收率、化肥利用率、农药利用率
生态良好	森林覆盖率、湿地保护率、水土保持率、自然保护地面积占陆域国土面积比例、重点生物物种种数保护率
人居整洁	城镇生活污水集中收集率、城镇生活垃圾无害化处理率、农村生活污水处理和综合利用率、农村生活垃圾无害化处理率、城市公园绿地500米服务半径覆盖率、农村卫生厕所普及率

5.1.6　我国的生态省市试行指标体系

　　2003 年，原国家环保总局自然司印发《生态县、生态市、生态省建设指标(试行)》(国家环保总局，2003)，该指标体系由 3 项一级指标、22 项二级指标构成，生态市试行指标体系由 3 项一级指标、28 项二级指标构成，二者均涵盖经济发展、生态环境保护和社会进步三方面(表5-4)。

表 5-4　生态省、市试行指标体系

类别	生态省试行指标体系	生态市试行指标体系
经济发展	人均国内生产总值、年人均财政收入、农民年人均收入、城镇居民年人均收入、环保产业比重、第三产业占 GDP 比重	人均国内生产总值、年人均财政收入、农民年人均收入、城镇居民年人均收入、第三产业占 GDP 比重、单位 GDP 能耗、单位 GDP 水耗、应当实施清洁生产企业
生态环境保护	森林覆盖率、受保护地区占国土面积比例、退化土地恢复率、物种多样性指数、主要河流年水消耗量、地下水超采率、主要污染物排放强度、降水 pH 值年均值、空气环境质量、水环境质量、旅游区环境达标率	森林覆盖率、受保护地区占国土面积比例、退化土地恢复率、城市空气环境质量、城市水功能区水质达标率、主要污染物排放强度、集中式饮用水源水质达标率、噪声达标区覆盖率、城镇生活垃圾无害化处理率、城镇人均公共绿地面积、旅游区环境达标率
社会进步	人口自然增长率、城市化水平、恩格尔系数、基尼系数、环境保护宣传教育普及率	城市生命线系统完好率、城市化水平、城市气化率、城市集中供热率、恩格尔系数、基尼系数、高等教育入学率、环境保护宣传教育普及率、公众对环境的满意率

2013 年，原环境保护部制定了《国家生态文明建设试点示范区指标(试行)》(环境保护部，2013)，明确了全国生态文明试点县、市建设指标。该指标体系包括生态经济、生态环境、生态人居、生态制度、生态文化 5 个一级指标，在二级指标方面有所不同(表 5-5)。

表 5-5　生态文明示范市、县指标体系

类别	示范市指标体系	示范县指标体系
生态经济	资源产出增加率、单位工业用地产值、再生资源循环利用率、生态资产保持率、单位工业增加值新鲜水耗、碳排放强度、第三产业占比、产业结构相似度	资源产出增加率、单位工业用地产值、再生资源循环利用率、碳排放强度、单位 GDP 能耗、单位工业增加值新鲜水耗、农业灌溉水有效利用系数、节能环保产业增加值占 GDP 比重、主要农产品中有机、绿色食品种植面积的比重
生态环境	污染物排放强度、受保护地区占国土面积比例、林草覆盖率、污染土壤修复率、生态恢复治理率、本地物种受保护程度、国控省控市控断面水质达标比例、中水回用	污染物排放强度、受保护地区占国土面积比例、林草覆盖率、污染土壤修复率、农业面源污染防治率、生态恢复治理率
生态人居	新建绿色建筑比例、生态用地比例、公众对环境质量的满意度	新建绿色建筑比例、农村环境综合整治率、生态用地比例、公众对环境质量的满意度
生态制度	生态环保投资占财政收入比例、生态文明建设工作站党政实绩考核的比例、政府采购节能环保产品和环境标志产品所占比例、环境影响评价率及环保竣工验收通过率、环境信息公开率	生态环保投资占财政收入比例、生态文明建设工作站党政实绩考核的比例、政府采购节能环保产品和环境标志产品所占比例、环境影响评价率及环保竣工验收通过率、环境信息公开率
生态文化	党政干部参加生态文明培训比例、生态文明知识普及率、生态环境教育课时比例、规模以上企业开展环保公益活动支出占公益活动总支出的比例、公众节能节水、公共交通出行的比例	党政干部参加生态文明培训比例、生态文明知识普及率、生态环境教育课时比例、规模以上企业开展环保公益活动支出占公益活动总支出的比例、公众节能节水、公共交通出行的比例

5.1.7　浙江省林业草原现代化指标体系

随着林草发展和生态建设越来越受到重视，国内也设置了有关方面的指标，其中浙江省作为"两山理论"的发源地，在林业建设、生态保护修复等领域的指标体系建设走在前列，其指标注重创新性、融合性，探索了成功模式和实施路径。早在 21 世纪初期，浙江就在推进林业现代化建设、生态系统综合治理等方面实施了许多重大举措，取得了重大突破，成为现代林业建设示范省。经过多年探索实践，浙江以生态保护修复、绿色产业发展、生态文化繁荣和基础保障能力四个领域为框架，基本建立新时代林业草原现代化指标体系：

一是设置了体现生态与产业融合发展的指标。认真践行"绿水青山就是金山银山"理念，坚持大力发展绿色富民产业，探索生态与产业融合发展指标。不仅将生态建设指标、林业产业发展和就业作为重要内容纳入指标体系，而且将林草现代化园区基地数量、中草药种植面积、林下养殖规模、森林旅游产值等作为重要指标，探索推进林业现代化建设的融合发展模式。

二是设置了体现地区差异的多元化指标。充分考虑各地区之间生态本底、经济发展程度的差异性，探索建立因地制宜的多元化指标。例如，经济发达的地区适当提高林业科技发展、生态环境影响、林产品贸易等指标的比重；在生态本底优质地区着重体现林草资源数量质量、林业种养殖业、森林旅游休闲康养等指标。

三是设置了符合自然保护地特点的指标。探索了自然保护地的林草现代化指标体系，提出在传统指标之外，增加体现自然保护地生态系统原真性和完整性的指标，正在考虑从绿色资源总量、林草生态质量、生物多样性保护、社区发展等方面设置指标，探索国家公园等自然保护地生态保护和社区协同发展。浙江指标提出的率先实现现代化、实现人与自然和谐共生，坚持生态、生产、生活融为一体，成为新时代生态保护修复、林业现代化建设的生动样本。

5.1.8 临沧市创新示范区建设考核指标体系

2019 年 1 月，临沧市人民政府编制了《临沧市国家可持续发展议程创新示范区建设方案》，明确提出了特色资源转化能力显著提升，可持续发展水平显著提高，与全省、全国同步全面建成小康社会，民族团结进步示范区、生态文明建设排头兵、面向南亚东南亚辐射中心建设走在全省前列等创新示范区建设的总体目标，同时提出了沿边开放实现新突破，绿色发展实现新跨越，基础设施建设取得重大突破，民族文化保护与开发取得显著成效，率先把临沧建成最美丽的地方等具体目标(临沧市人民政府，2019)。

根据创新示范区建设的目标设置，建立了临沧市国家可持续发展创新示范区建设考核指标体系，包括 5 个一级指标、30 个二级指标(表 5-6)。

表 5-6 临沧创新示范区国家可持续发展指标体系

类别	指标
科技创新	全社会 R&D 经费投入强度、科技进步贡献率、劳动年龄人口平均受教育年限、公民具备科学素质的比例
经济发展	人均 GDP、第三产额增加值占 GDP 比重、固定资产投资增幅、单位 GDP 能耗、万元 GDP 用水量、工业固体废弃物综合利用率、农业废弃物资源化利用、"三品一标"获证产品数量
社会发展	财政民生支出占一般公共预算支出比重、城镇居民人均可支配收入、农村居民人均可支配收入、人口平均预期寿命、农村无害化卫生厕所普及率、城镇居民登记失业率、每千老年人口养老床位数、贫困人口发生数
生态人居	森林覆盖率、建成区绿化覆盖率、城市空气质量优良天数比例、地表水考核断面水质达到或好于三类水体比例
特色指标	绿色能源产值、绿色食品产值、健康生活目的地产值、外贸进出口总额、旅游接待人次

5.1.9 比较与借鉴

从上述国内外各类指标体系看，在可持续发展和生态保护修复方面的指标体系研究和实践呈现以下趋势和特点：

一是越来越多联合国或国际的重要战略和议程等更加关注森林、生态环境、绿色发展等议题，指标体系更加重视设置可持续发展、绿色发展和森林可持续保护利用等生态环境保护修复方面的指标。

二是为响应联合国或者国际重要战略、倡议、议程和公约，各国结合这些国际上的目标和指标，开展履约、实施国家行动方案等，同时结合或融合这些指标，构建符合本国国情和当地实际情况的指标体系，进行科学合理的评估评价。

三是今后国内的生态保护修复的一个趋势很明显要坚持系统论，围绕山水林田湖草系统治理这一理念开展工程治理，执行系统的协调的多功能和多效益的指标体系。

5.2 山水林田湖草系统治理评估指标筛选

目前国内外学术界对指标体系的构建有比较规范的原则和方法，但没有统一标准，在构建的过程中专家们要做到尽量符合当地实际情况，趋于科学合理。根据当前国内山水林田湖草生态保护修复实践，各地均在探索当中。加之当前国际国内设置的相关的指标体系，协调与统一 SDGs、山水林田湖草系统治理以及临沧发展需求等多元目标，通过利益相关者分析，结合政策目标、手段、措施，构建一个既响应国际议程，又符合当地实际要求的评价指标体系。

5.2.1 基本原则

借鉴彭张林等（2017）提出的目的性、完备性、可操作性、独立性、显著性、动态性（objective-complete-workable-independent-significant-dynamic，O-C-W-I-S-D）原则，同时为了体现示范区的地方特点和实际需求，增加区域性原则（regional），提出"O-C-W-I-S-D-R"原则，具体如下：

（1）目的性原则（objective）　评价指标要真实地体现和反映综合评价的目的和目标，且评价指标在体现评价目的的基础上也应具有一定的导向性。即指标应是目标的具体化描述，要反映山水林田湖草系统治理的目标的实现程度和成效。

（2）科学完备性原则（complete）　指标要建立在科学的基础上，全面、完整反映山水林田湖草系统治理的核心要素和内在机制，能从多个维度、多个层次去衡量评估对象的属性特征。当然并不是要求100%（通常也做不到）的完整，而是表达出评估对象的主要特征和主要信息。因此，在指标体系构建过程中，应根据可持续发展框架下山水林田湖草系统治理特征的类别和层次进行完整性设计。

（3）可操作性原则（workable）　建立的指标体系应易于评价，指标设计时要考虑数据易得、易统、易算。评价指标的口径（含义、单位、年份等）及统计方法对于各县区应尽可能一致。在进行比较时，还应注意控制数量指标，使指标的设置在不同评价对象之间比较具有实际意义。

（4）独立性原则（independent）　理论上，指标体系的各个指标要含义清楚、相对独立；同一层次的各指标之间没有因果关系、不相互重叠。然而实际上，自然保护地所处的生态、社会和经济复合系统之间是存在一定的相关性的，只能尽可能地避免选择高度相关的指标，提升指标的独立性和不相关性。

（5）显著性原则（significant）　也可称为代表性。理想情况下，指标体系应作为一个完整的系统，100%地描述出评价对象系统的所有特点，且指标间应该保持完全的独立性。然而现实中基本实现不了。因此，指标体系构建时，不是指标越多越好，而是对指标体系的各级指标分层进行设计，既要保证指标间的逻辑关系，又要保证指标的代表性，控制指标数量，避免指标冗余，方便评估活动的开展，降低评估的成本，提升评估准确性。

（6）动态性原则（dynamic）　指标不应是一成不变的，而是随着事物发展的变化而改变。指标体系也需要随着事物变化或者评价目标的变化而进行调整，指标体系应该是动态的。

（7）区域性原则（regional）　临沧市具备得天独厚的区位和资源条件，是云南省首个州市级国家可持续发展实验区。指标体系的构建要充分体现临沧的特点和需求，尽可能客观反映区域实际，突出地方特色。

5.2.2　方法选择

指标体系的构建过程和方法采用自下而上的方法，首先界定研究框架和指标库（初选），初选指标主要考虑指标的全面性，之后再进一步开展指标的优选和精选。

借鉴国内相关研究（王美力，2017），本研究采用的指标筛选方法包括文献法、理论分析法和专家咨询法等。文献法通过统计有关内容的论文、期刊、政策文件等的指标频次进行排序，根据次数来决定指标的选取。理论分析法是根据相关理念、理论，从研究内容的内涵、定义、目标等来筛选指标，确定系统内容。专家咨询法是将待选择的指标建立比较矩阵，通过专家打分评价指标的重要程度，进而筛选出指标（表 5-7）。

表 5-7　指标选取方法

方法	过程	优缺点
理论分析法	借助已有的研究结论，对已有定论的成果（研究内容的内涵、定义、目标等）进行引用参考	准确度高，但存在部分理论欠缺的情况
文献分析法	对特定的研究对象，梳理相关的书籍、论文、报告中出现频次较高的因素，认为这些因素被广泛认可，可选作指标	一般具有较高的可行性，需要大量阅读文献资料
专家咨询法	咨询相关领域的专家，整理专家意见对指标进行处理	专业性和针对性强，但主观色彩浓厚

5.2.3 筛选过程及结果

按照山水林田湖草系统治理与可持续发展目标的相关内涵，搜集、整理大量资料，通过对国内外可持续发展、生态文明、绿色发展等方面的论文、报告、政策文件等进行分析整理（表5-8），建立临沧创新示范区山水林田湖草系统治理指标库。

表5-8 初选指标的主要来源资料

类别	文献名称
国家或地方指标体系	[1]生态县、生态市、生态省建设指标(修订稿)(2007)
	[2]国家生态文明先行示范区建设方案(试行)(2013)
	[3]国家生态文明建设试点示范区指标(试行)(2013)
	[4]美丽乡村建设指南(GB/T 32000-2015)
	[5]绿色发展指标体系(2016)
	[6]生态文明建设考核目标体系(2016)
	[7]全国生态示范区建设试点考核验收指标
	[8]临沧市国家可持续发展议程创新示范区建设方案(2018—2020年)
	[9]临沧市可持续发展规划(2018—2030年)
	[10]宁夏山水林田湖草系统治理评估指标体系(宁夏自然资源厅)
	[11]生态文明建设标准体系发展行动指南(2018—2020年)
	[12]山水林田湖草生态保护修复工程指南(试行)(2020)
	[13]自然资源调查监测体系构建总体方案(自然资源部，2020)
学位论文和期刊论文	[1]杨吉(2017)：基于县域尺度的三峡库区(重庆段)山水林田湖生命共同体健康研究
	[2]邓富玲等(2018)：基于多粒度语言变量的山水林田湖生态保护修复项目评价指标体系构建
	[3]吕思思等(2019)：山水林田湖生命共同体健康评价——以红枫湖区域为例
	[4]张翼等(2019)：石川河富平(城区段)山水林田湖草综合整治效益评价
	[5]叶艳妹等(2019)：基于恢复生态学的泰山地区"山水林田湖草"生态修复
	[6]熊小菊(2020)：广西西江流域山水林田湖草时空变化及其生命共同体健康评价研究
	[7]张仕超等(2020)：基于DPSIRM模型的全域综合整治前后山水林田湖草村健康评价
	[8]陈晶等(2020)：基于山水林田湖草统筹视角的矿山生态损害及生态修复指标研究
	[9]苏维词、杨吉(2020)：山水林田湖人生命共同体健康评价及治理对策
	[10]梁朝铭等(2021)：山水林田湖草生态修复评价指标体系构建——以铜川市为例
	[11]张中秋等(2021)：广西山水林田湖生命共同体的耦合协调性评价

　　根据理论分析法和文献法，对初选指标进行增删。综合考量数据的可获取性、指标间的重复性或相关性、逻辑性等因素进行对比、取舍，结合实地调研，并向相关专家和学者进行多次多人的咨询讨论，尽最大可能减少专家个人偏好的影响，对指标进行进一步的调整，最终确定指标体系指标构成（图 5-1）。

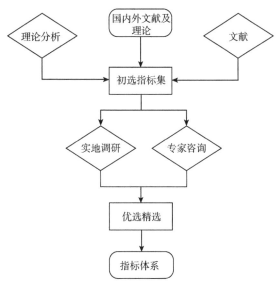

图 5-1　指标体系筛选过程

　　首先，利用文献法初选指标。可持续发展理论、生态文明理论、山水林田湖草生命共同体以及 IEM、SLM、NbS 等理念为创新示范区山水林田湖草系统治理指标体系提供理论基础。本研究在文献的选取中，参考了绿色发展、生态文明、可持续发展等内容，主要利用以下国家或地方指标体系及相关论文构建初选指标集（表 5-9）。这里不仅注重山水林田湖草各生态要素，更注重山水林田湖草系统治理在整个创新示范区建设系统中的作用。

　　其次，基于"O-C-W-I-S-D-R"原则，结合临沧特色和山水林田湖草系统治理的特点，对部分指标进行了调整和修改。参考《2030 年联合国可持续发展目标（SDGs）》《中国落实 2030 年可持续发展议程国别方案》框架下的目标指标，以及《临沧市可持续发展规划》《临沧市国家可持续发展议程创新示范区建设方案》下达的相关目标任务，突出目的性和完备性。

　　根据理论分析并参考相关文献，删除了频数小的指标或与临沧创新示范区实践不相吻合的指标；考虑指标独立性、显著性和区域性，将部分分散指标

表 5-9　初选指标集

指　标	指　标
1. ≥6°和25°坡地覆盖率(%)	30. 外贸进出口总额(亿元)
2. 矿山复垦率(%)	31. 旅游接待人次(万人次)
3. 新增矿山恢复治理面积(平方千米)	32. "三品一标"获证产品数量(万亩)
4. 单位面积森林蓄积量(立方米/公顷)	33. 粮食单产增长(%)
5. 新增水土流失治理面积(平方千米)	34. 林地单产增长(%)
6. 水土保持率(%)	35. 人均GDP(万元)
7. 地表水考核断面水质达到或好于Ⅲ类水体比例(%)	36. 城镇居民人均可支配收入增长(%)
8. 人均水资源量(吨/人)	37. 农村居民人均可支配收入增长(%)
9. 湿地保护率(%)	38. 生态文化创新产业园区年产值(亿元)
10. 森林覆盖率(%)	39. 文化产业增加值占GDP比重(%)
11. 建成区绿化覆盖率(%)	40. 特色小镇(个)
12. 森林蓄积量(亿立方米)	41. 少数民族特色村寨(个)
13. 草原植被覆盖度(%)	42. 自然科普场所(森林公园、湿地公园、植物园、动物园、自然保护区和风景名胜区的开放区、自然博物馆等公众游憩地)(个)
14. 自然保护地面积占陆域国土面积比例(%)	43. 全民义务植树尽责率(%)
15. 重点生物物种种数保护率(%)	44. 每年县(区)级以上的自然科普活动(次)
16. 退耕指数(%)	45. 古树名木保护率(%)
17. 受污染耕地安全利用率(%)	46. 生态文化景观面积占比(%)
18. 单位耕地面积化肥使用量	47. 全社会R&D经费投入强度(%)
19. 单位耕地面积农药使用量	48. 科技进步贡献率(%)
20. 工业固体废弃物综合利用率(%)	49. 环境污染治理投入占GDP比重(%)
21. 农业废弃物资源化利用(%)	50. 单位GDP能源降低(%)
22. 农村自来水普及率(%)	51. 万元GDP用水量下降(%)
23. 农村无害化卫生厕所普及率(%)	52. 生态补偿资金规模(万元)
24. 城市空气质量优良天数比例(%)	53. 单位GDP二氧化碳排放下降(%)
25. 洪灾旱涝频次/面积下降(%)	54. 生态建设规划制定情况
26. 城市公园绿地500米服务半径覆盖率(%)	55. 生态补偿机制多元化
27. 绿色能源产值(亿元)	56. 流域统筹协调机制
28. 绿色食品产值(亿元)	
29. 健康生活目的地产值(亿元)	

进行整合，转变为能够代表临沧市生态保护修复特点的指标；部分难以获取或测度的指标，也进行了替换或删除，保证可操作性和动态性。为保证指标体系的有效性和实用性，通过对临沧创新示范区重点村镇、重点项目的实地考察和多轮次的专家学者、利益相关者的访谈咨询，深入探讨创新示范区山水林田湖草系统治理、生态保护修复的问题、政策、机制等内容，补充了凸显临沧创新示范区地域特色和发展需求的指标。进一步得到第二次筛选结果，即优选指标集(表 5-10)。

表 5-10　优选指标集

序号	指标
1	森林覆盖率(%)
2	单位面积森林蓄积量(立方米/公顷)
3	矿山生态修复面积(平方千米)
4	水土流失治理面积(平方千米)
5	受污染耕地安全利用率(%)
6	地表水考核断面平均综合污染指数(%)
7	河道治理长度(千米)
8	湿地保护率(%)
9	草原植被覆盖度(%)
10	生物丰富度指数(%)
11	绿色食品产值(亿元)
12	农林牧渔业总产值(亿元)
13	经济林产品的种植与采集(亿元)
14	旅游接待人次(万人次)
15	生态护林员人数(万人)
16	特色小镇(个)
17	少数民族特色村寨(个)
18	生态文化创新产业园区年产值(亿元)
19	"三品一标"获证产品数量(万亩)
20	山水林田湖草综合治理投入(亿元)
21	涉及山水林田湖草系统治理方面的专利、标准数量(个)
22	"六长制"落实率(%)
23	社会资本投入占比(%)
24	多部门协调工作机制是否建立
25	生态补偿资金规模(亿元)

5.3　山水林田湖草系统治理评估指标体系

5.3.1　指标体系框架

以上述指标筛选结果为依据，以 25 个指标为指标层，并将其划分为生态环境改善、绿色产业发展、生态文化繁荣、体制机制创新 4 个系统层，形成示范区山水林田湖草系统治理评估指标体系总体框架(表 5-11),以此来综合评价示范区山水林田湖草系统治理的进展和成效。

表 5-11 示范区山水林田湖草系统治理评估指标体系

目标层	系统层	序号	指标层	单位	性质
临沧市创新示范区山水林田湖草系统治理	生态环境改善	1	森林覆盖率	%	正向
		2	单位面积森林蓄积量	立方米/公顷	正向
		3	矿山生态修复面积	平方千米	正向
		4	水土流失治理面积	平方千米	正向
		5	受污染耕地安全利用率	%	正向
		6	地表水考核断面平均综合污染指数	%	逆向
		7	河道治理长度	千米	正向
		8	湿地保护率	%	正向
		9	草原综合植被盖度	%	正向
		10	生物丰富度指数	%	正向
	绿色产业发展	11	绿色食品产值	亿元	正向
		12	农林牧渔业总产值	亿元	正向
		13	经济林产品种植与采集业产值	亿元	正向
		14	旅游接待人次	亿人次	正向
	生态文化繁荣	15	少数民族特色村寨	个	正向
		16	特色小镇	个	正向
		17	生态文化创新产业园区年产值	亿元	正向
		18	"三品一标"获证产品数量	万亩	正向
		19	山水林田湖草综合治理投入	亿元	正向
		20	涉及山水林田湖草系统治理方面的专利、标准数量	个	正向
	体制机制创新	21	"六长制"落实率	%	正向
		22	生态护林员人数	万人	正向
		23	社会资本投入占比	%	正向
		24	多部门协调工作机制是否建立	是/否	正向
		25	生态补偿资金规模	亿元	正向

5.3.2 指标释义

(1)森林覆盖率(%) 指一定时期区域内森林面积占各类土地总面积的比例。数据来源及解释单位:临沧市林草部门。

(2)单位面积森林蓄积量(立方米/公顷) 指一定时期单位森林面积(公顷)活立木材积(立方米)。数据来源及解释单位：临沧市林草部门。

(3)矿山生态修复面积(平方千米) 指一定时期区域内对矿业废弃地污染进行修复，实现对被破坏的生态环境的恢复，以及对土地资源的可持续利用的总面积。数据来源及解释单位：临沧市自然资源和规划、生态环境、林草、统计等部门。

(4)水土流失治理面积(平方千米) 指一定时期按照综合治理的原则，采取各种治理措施，如坡改梯、淤地坝、谷坊、造林、种草、封山育林育草(指有造林、种草补植任务的)等，以及按小流域综合治理措施所治理的水土流失面积总和。数据来源：临沧市国土、生态环境、林草等部门。

(5)受污染耕地安全利用率(%) 指一定时期区域内轻微污染且实施了优先保护类措施(加强监测、因地制宜推行种养结合、秸秆还田、增施有机肥、少耕免耕等措施，提升耕地质量)的耕地面积、实施了安全利用或治理修复类措施(优化施肥、水分调节、低积累品种替代、土壤调理、撒施石灰、生物修复等)，且实现农产品质量达标生产的轻中度污染耕地面积以及实施了严格管控类措施(种植结构调整、特定农产品禁止生产区划分、退耕还林还草、休耕等)的重度污染耕地面积之和占该区域受污染(即轻微污染、轻中度污染和重度污染)耕地面积的比例。数据来源：临沧市农业农村部门。

(6)地表水考核断面平均综合污染指数(%) 指一定时期区域内地表水考核断面pH、溶解氧、高锰酸盐指数、生化需氧量、氨氮、挥发酚、汞、铅、石油类等污染物质影响下水质污染指数。通常认为指数≤0.20则水质状况为"好"。数据来源及解释单位：临沧市生态环境、水务等部门。

(7)河道治理长度(千米) 指一定时期采取清淤、断面开挖、建坡等方式开展的河道综合治理长度。数据来源：临沧市生态环境、水务等部门。

(8)湿地保护率(%) 指一定时期区域内通过国家公园、自然保护区、湿地公园等形式保护的湿地面积占湿地总面积的比例。数据来源及解释单位：临沧市林草部门。

(9)草原综合植被盖度(%) 指一定时期区域内各主要草地类型的植被盖度与其所占面积比重的加权平均值。数据来源及解释单位：临沧市林草部门。

(10)生物丰富度指数(%) 指一定时期区域群落中所含物种丰富程度的指标。数据来源及解释单位：临沧市林草、生态环境部门。

(11)绿色食品产值(亿元) 指一定时期区域内绿色食品产值。数据来源：临沧市工商、统计等部门。

（12）农林牧渔业总产值（亿元）　指一定时期区域内以货币表现的农、林、牧、渔业全部产品的总量，它反映一定时期内农业生产总规模和总成果。数据来源及解释单位：临沧市统计部门。

（13）经济林产品种植与采集业产值（亿元）　指一定时期区域内以货币表现的水果种植，坚果、含油果和香料作物种植，茶及其他饮料作物的种植，森林药材种植，森林食品种植，林产品采集的规模和成果。数据来源及解释单位：临沧市林草、统计部门。

（14）旅游接待人次（亿人次）　指一定时期内到区域内旅行社、饭店、景点等全部接待人数总和。数据来源及解释单位：临沧市文旅、统计等部门。

（15）少数民族特色村寨（个）　指一定时期内区域内经民委与财政部等部门认定挂牌的少数民族特色村寨的数量。数据来源：临沧市财政、民族宗教管理等部门。

（16）特色小镇（个）　指一定时期内区域内认定的国家级、省级、市级特色小镇数量。数据来源及解释单位：临沧市住建、发展改革委、财政等部门。

（17）生态文化创新产业园区年产值（亿元）　指一定时期区域内生态文化创新产业园区年产值。数据来源：临沧市文旅、统计等部门。

（18）"三品一标"获证产品数量（万亩）　指一定时期区域内"三品一标"（无公害农产品、绿色食品、有机农产品和农产品地理标志）获证产品的种植面积。数据来源：临沧市林草、农业农村、统计等部门。

（19）山水林田湖草综合治理投入（亿元）　指一定时期区域内用于山、水、林、田、湖、草生态系统保护修复治理的财政资金总投入。数据来源及解释单位：临沧市财政部门。

（20）涉及山水林田湖草系统治理方面的专利、标准数量（个）　指一定时期区域内涉及山水林田湖草系统治理方面的专利、标准申请批准数量。数据来源：临沧市林草、生态环境、国土、统计等部门。

（21）"六长制"落实率（％）　指一定时期区域内林长制、河长制等"六长制"落实程度。数据来源：临沧市林草、生态环境、国土等部门。

（22）生态护林员人数（万人）　指一定时期区域内由中央财政或省级财政安排补助资金购买劳务，受聘参与森林、湿地、沙化土地等资源管护服务的人员。数据来源及解释单位：临沧市林草、财政等部门。

（23）社会资本投入占比（％）　指一定时期区域内参与山水林田湖草系统

治理的社会资本投入占总投入的比例。数据来源：临沧市财政、林草、生态环境、统计等部门。

（24）多部门协调工作机制是否建立（是/否）　指一定时期区域内多部门在山水林田湖草系统治理方面的协调工作机制建立与否。数据来源：实地调研。

（25）生态补偿资金规模（亿元）　指一定时期区域内在流域、区域内生态补偿资金规模。数据来源：临沧市统计、林草、财政等部门。

第6章

山水林田湖草系统治理综合效益评估

如第 2 章生态保护修复基线调查中所述,近年来,示范区开展了天然林保护、新一轮退耕还林还草、陡坡地生态治理、石漠化综合治理、重点防护林建设、湿地保护修复、濒危野生动植物拯救性保护等一系列生态保护修复工程,生态环境得到显著改善,为示范区建设奠定了坚实的绿色基础。但同时也存在着亟待补齐的短板,需要在今后的工作中进一步加大力度、完善机制、找准症结、精准施策、整体提升。开展示范区山水林田湖草系统治理综合效益评估的目的,就是为制定山水林田湖草系统治理相关政策措施提供参考依据,更好地推进国家可持续发展创新示范区建设。

根据第 5 章研建的示范区山水林田湖草系统治理评估指标体系,结合示范区生态保护修复实践、示范区可持续发展行动等,广泛收集与山水林田湖草系统治理相关的年度动态监测数据,运用专家打分法、层次分析等方法,对示范区山水林田湖草系统治理的成效进行实证评估。

6.1 数据来源

本次评估的数据主要来源于两个方面:一是临沧市历年各部门统计资料、规划、公报及其他政府工作文件等,主要包括生态环境公报、国民经济和社会发展统计年鉴、水资源公报、财政资金投入报表、森林资源清查数据以及"十三五"相关总结、"十四五"相关规划等(表 6-1);二是调查问卷数据,设计了两个问卷,即临沧市创新示范区山水林田湖草系统治理影响要素相对权重调查、临沧市山水林田湖草沙系统治理利益相关者问卷调查,通过向相关专家和利益相关者发放问卷获取数据。另外,针对个别指标个别年份存在的数据缺失进行插值补充,主要是通过线性或非线性模型进行拟合计算得到。

表 6-1　实证评估数据集

序号	数据来源
1	2016—2020 年森林面积蓄积统计表
2	草原综合植被盖度(2015—2021 年)
3	矿山恢复治理及土地复垦统计表(2016—2020 年)
4	临沧市各县(区)自然保护地占国土面积比例统计表
5	全省湿地资源统计表(2019—2020 年)
6	云南省农业农村厅环境资源处关于反馈临沧市 2020 年度受污染耕地安全利用率的函
7	退耕还林面积表(2016—2020 年)
8	经济林发展情况统计汇总表
9	临沧市少数民族特色村寨、特色小镇名单
10	临沧市"十四五"水安全保障规划
11	临沧市动植物保护名录
12	临沧市"十三五"农业农村发展情况
13	临沧市 2020 年化肥农业减量工作总结报告
14	临沧市环境状况公报(2026—2020 年)
15	云南省水资源公报(2016—2019 年)
16	临沧市"十四五"文化旅游产业发展规划(2021—2025 年)
17	临沧市国家森林城市建设工作报告
18	临沧市 2010—2020 年国民经济和社会发展统计公报
19	临沧市草地资源面积及草原生态奖补情况
20	临沧市林业和草原保护发展"十四五"规划(征求意见稿)
21	临沧市沿边城镇带规划(2021—2035 年)(公示稿)
22	临沧市中央省市县(区)投入决算表
23	临沧市生态文明建设示范市规划(2021—2035 年)
24	临沧市国家可持续发展议程创新示范区建设方案(2018—2020 年)
25	临沧市可持续发展规划(2018—2030 年)
26	山水林田湖草生态保护修复工程指南(试行)

6.2　指标体系简化

在与相关部门进一步对接并进行数据搜集的过程中发现，部分指标的数据获取仍面临较大困难。一些指标的获取成本较高，需要大量人力物力的投入，一些指标在现阶段尚未建立健全的数据统计制度和标准化的统计方法。鉴于此，为了最大限度地提高效率和减少成本，通过广泛咨询行业相关专家、地方关键利益相关者以及来自统计、林业、财政等多个部门的负责人的意见，综合考量后对原有指标体系进行必要的精简与优化(表6-2)。这一修订简化版指标体系在确保评估科学性与准确性的基础上，更加贴合当前的示范区资源条件与现实需求，旨在以更为高效、经济的方式，反映示范区山水林田湖草系统治理的成效。

表6-2　简化后的指标体系

目标层	系统层	序号	指标层	单位	性质
临沧市创新示范区山水林田湖草系统治理	生态环境改善	1	矿山生态修复面积	平方千米	正向
		2	地表水考核断面平均综合污染指数	%	逆向
		3	森林覆盖率	%	正向
		4	草原植被覆盖度	%	正向
		5	湿地保护率	%	正向
		6	受污染耕地安全利用率	%	正向
		7	生物丰富度指数	%	正向
	绿色产业发展	8	农林牧渔业总产值	亿元	正向
		9	经济林产品的种植与采集业产值	亿元	正向
		10	旅游人次	亿人次	正向
	生态文化繁荣	11	少数民族特色村寨	个	正向
		12	国家级、省级、市级特色小镇	个	正向
	体制机制创新	13	山水林田湖草综合治理投入	亿元	正向
		14	生态护林员人数	万人	正向
		15	"六长制"落实率	%	正向

6.3　指标处理

6.3.1　指标类型一致化

指标类型一致化，是指将存在方向不一致的指标通过一定的模型转化为方向一致的指标，比如将原来取值越大越好的指标改为取值越小越好，不管如何改变方向，最终都要使评价指标体系中的指标方向一致。本研究中指标体系的指标除"地表水考核断面平均综合污染指数"外，其余均为正向指标，即越大越好，需要进行指标类型一致化处理。

6.3.2　指标无量纲化

指标无量纲化，即指标标准化，消除不成数量级差异造成的量纲影响，将原始数据转化为无量纲化、无数量级差异的数据。对类型一致的评价指标进行无量纲，从不同的无量纲化方法对数据的要求来看，标准化处理法最终均值为0，对要求指标值大于0的评价方法（如熵值法）不适用；线性比例法的最终结果取值范围不确定，很容易出现由于单个指标过大而影响最终评价结果的情况；归一化方法要求数据和大于0，不适用于有正负数据同时出现的情况；极值处理法的取值范围为[0，1]，但不适用于指标值恒定的情况。综合来看，本研究将选取极值处理法对指标进行无量纲化：

$$x'_{ij} = \frac{x_{ij} - Min_j}{Max_j - Min_j} \qquad (6.1)$$

式中，$i = 1, 2, \cdots, n$；$j = 1, 2, \cdots, m$；$Max_j = max\{x_j\}$，$Min_j = min\{x_j\}$

6.4　指标权重确定

指标权重是指标在评价过程中不同重要程度的反映，权重的赋值是否合理，影响着评价结果的科学合理性。目前，权重分析方法主要有主观赋权法、客观赋权法和组合赋权法。经过比较，本研究选择使用组合赋权法进行赋权。其中主观赋权法使用层次分析法（AHP），客观赋权法使用变异系数法和熵权法，最终将二者组合获取各个系统层、指标层的权重。

6.4.1　方法概述

6.4.1.1　层次分析法

AHP将目标分解为多个目标，进而分解为多指标的若干层次，通过定性指标模糊量化方法计算层次单排序（权数）和总排序，以作为目标（多目标）、多方案优化决策的系统方法。具体过程如下：

第一步：建立层次结构模型

根据评价的目标层、准则层、指标层等建立多级层次结构模型。

第二步：构造判断矩阵

在确定各层次各因素之间的权重时，采取两两比较的方式，以尽可能减少性质不同的要素之间相互比较的困难。对属同一级的要素，用上一级的要素为准则进行两两比较后，根据判断尺度确定其相对重要度，并据此建立判断矩阵。如对某一准则，对其下的各要素两两比较，并按其重要性程度评定等级，设 a_{ij} 为要素 i 和要素 j 重要性比较结果，最终得到比较结果的矩阵称为判断矩阵 A，且 $a_{ij} = \dfrac{1}{a_{ji}}$。具体标度见表6-3。

表6-3 AHP 得分标度

要素 i 和要素 j	量化值
同等重要	1
稍微重要	3
较强重要	5
强烈重要	7
极端重要	9
两相邻判断的中间值	2，4，6，8

第三步：层次单排序及其一致性检验

对应于判断矩阵 A 的最大特征根 λ_{max} 的特征向量经归一化后记为 W，其元素为同一层次要素对于上一层次要素某要素相对重要性的排序权值，这一过程称为层次单排序。具体如下：

将 A 的每一列向量归一化得到：

$$\overline{W}_{ij} = \frac{a_{ij}}{\sum\limits_{i=1}^{n} a_{ij}} \qquad i, j = 1,2,3,\cdots,n \tag{6.2}$$

将 $\overline{W}_{ij}$ 按行求和得到：

$$\overline{W}_i = \sum_{j=1}^{n} \overline{W}_{ij} \qquad i, j = 1,2,3,\cdots,n \tag{6.3}$$

将 $\overline{W}_i$ 归一化：

$$W_i = \frac{\overline{W}_i}{\sum\limits_{j=1}^{n} \overline{W}_j} \tag{6.4}$$

$$W = (W_1, W_2, W_3, \cdots, W_n)^T \tag{6.5}$$

计算判断矩阵 A 的最大特征根 λ_{max}：

$$\lambda_{max} = \frac{1}{n} \sum_{i=1}^{n} \frac{(AW)_i}{W_i} \tag{6.6}$$

能够确认层次的排序，需要进行一致性检验，即分析确定不一致的允许范围。一般，当 $CR < 0.1$ 时，则认为 A 具有满意的一致性。其中：

$$CR = \frac{CI}{RI} \tag{6.7}$$

$$CI = \frac{\lambda_{\max} - n}{n - 1} \tag{6.8}$$

RI 为平均随机一致性指标，为 1~9 阶正互反矩阵计算 1000 次得到的平均随机一致性指标，且有各自的修正值。

第四步：计算权重

利用同一层次中所有层次单排序的结果，就可以计算针对上一层次而言的本层次所有元素的重要性权重值，进行层次总排序，各层次总排序也需要进行一致性检验。

6.4.1.2　变异系数法

变异系数法是直接利用各项指标所包含的信息，通过计算得到指标的权重。在评价指标体系中，取值差异越大的指标，表示越难以实现，这样能够反映被评价对象的差距。

变异系数法计算权重步骤如下：

假设 n 个样本，p 项评价指标，x_{ij} 表示第 i 个样本第 j 项评价指标的数值。

第一步：计算第 j 项指标的均值和标准差：

$$\bar{x}_j = \frac{1}{n} \sum_{i=1}^{n} x_{ij} \tag{6.9}$$

$$S_j = \sqrt{\frac{\sum_{i=1}^{n} (x_{ij} - \bar{x}_j)^2}{n - 1}} \tag{6.10}$$

第二步：计算第 j 项评价指标的变异系数：

$$V_j = \frac{S_j}{\bar{x}_j} \qquad j = 1, 2, \cdots, p \tag{6.11}$$

第三步：对变异系数进行归一化处理，进而得到各指标的权重：

$$W_j = \frac{V_j}{\sum_{j=1}^{p} V_j} \tag{6.12}$$

6.4.1.3　熵权法

信息熵借鉴了热力学中熵的概念，用于描述事件信息量的大小，所以在数学上，信息熵是事件所包含的信息量的期望(或称均值/期望，是试验中每次可能结果的概率乘以其结果的总和)。每种可能事件包含的信息量与这一事件的不确定性有关，换言之，与事件发生的概率有关，概率越大则信息量越小。

根据信息熵的含义，对于某项指标，可以用熵值来判断某个指标的离散程度，其熵值越小，指标的离散程度越大，该指标对综合评价的影响(即权重)就越大，如果某项指标的值全部相等，则该指标在综合评价中不起作用。

熵权法中主要是计算指标的熵和权：

第一步：计算第 i 个样本的第 j 个指标的比重：

$$y_{ij} = \frac{x'_{ij}}{\sum\limits_{i=1}^{n} x'_{ij}} \qquad (6.13)$$

式中，x_{ij}' 为标准化数据。

第二步：计算第 j 个指标的信息熵：

$$e_j = -K \sum\limits_{i=1}^{n} y_{ij} \ln y_{ij} \qquad (6.14)$$

式中，K 为常数，$K = 1/\ln n$。

第三步：计算第 j 个指标的权重：

$$w_j = \frac{1 - e_j}{\sum\limits_{j=1}^{p} 1 - e_j} \qquad (6.15)$$

6.4.1.4 组合赋权法

将层次分析法、变异系数法和熵权法所得权重值分别按 50%、25%、25% 的比例加权，最终得出组合权重。

6.4.2 赋权结果

按照上述方法，分别通过层次分析法、变异系数法和熵权法计算各指标的权重，最后通过组合赋权法进行指标的综合加权，获得临沧市创新示范区山水林田湖草系统治理评估指标体系的综合权重，以此来计算各指标的评估得分。具体计算过程和结果如下：

(1)基于层次分析法的指标权重 以临沧市创新示范区山水林田湖草系统治理影响要素相对权重调查问卷数据为基础，利用 YAAHP 软件进行权重计算。群决策采用专家数据集结方法，各专家排序向量加权算术平均。经过计算，得到指标体系权重见表6-4。

表 6-4　基于层次分析法的指标权重

系统层	权重	序号	指标层	权重
生态环境改善	0.3573	1	矿山生态修复面积	0.0792
		2	地表水考核断面平均综合污染指数	0.0538
		3	森林覆盖率	0.0570
		4	草原植被覆盖度	0.0190
		5	湿地保护率	0.0307
		6	受污染耕地安全利用率	0.0555
		7	生物丰富度指数	0.0620
绿色产业发展	0.2151	8	农林牧渔业总产值	0.1093
		9	经济林产品的种植与采集业产值	0.0560
		10	旅游人次	0.0498
生态文化繁荣	0.1270	11	少数民族特色村寨	0.0835
		12	国家级、省级、市级特色小镇	0.0435
体制机制创新	0.3006	13	山水林田湖草综合治理投入	0.1623
		14	生态护林员人数	0.0550
		15	"六长制"落实率	0.0833

　　其中，集结后的判断矩阵——临沧市创新示范区山水林田湖草系统治理一致性比例 0.0000，对"临沧市创新示范区山水林田湖草系统治理"的权重是 1.0000。系统层判断矩阵见表 6-5。

表 6-5　系统层判断矩阵

创新示范区山水林田湖草系统治理	生态环境改善	绿色产业发展	生态文化繁荣	体制机制创新	权重
生态环境改善	1	1/6610	2.8138	1.1886	0.3573
绿色产业发展	0.6020	1	1.6940	0.7155	0.2151
生态文化繁荣	0.3554	0.5903	1	0.4224	0.1270
体制机制创新	0.8414	1.3975	2.3674	1	0.3006

　　集结后的判断矩阵——生态环境改善一致性比例：0.0000，对"临沧市创新示范区山水林田湖草系统治理"的权重：0.3573。判断矩阵见表 6-6。

表 6-6   生态环境改善指标层判断矩阵

生态环境改善	矿山生态修复面积	受污染耕地安全利用率	湿地保护率	森林覆盖率	草原植被覆盖度	生物丰富度指数	地表水考核断面平均综合污染指数	权重
矿山生态修复面积	1	1.4279	2.5806	1.3894	4.1721	1.2789	1.4719	0.2218
受污染耕地安全利用率	0.7003	1	1.8073	0.9731	2.9219	0.8957	1.0308	0.1553
湿地保护率	0.3875	0.5533	1	0.5384	1.6167	0.4956	0.5704	0.0859
森林覆盖率	0.7197	1.0277	1.8573	1	3.0028	0.9205	1.0594	0.1596
草原植被覆盖度	0.2397	0.3422	0.6185	0.3330	1	0.3065	0.3528	0.0532
生物丰富度指数	0.7819	1.1165	2.0178	1.0864	3.2622	1	1.1509	0.1734
地表水考核断面平均综合污染指数	0.6794	0.9701	1.7532	0.9439	2.8344	0.8689	1	0.1507

集结后的判断矩阵——绿色产业发展一致性比例：0.0000；对"临沧市创新示范区山水林田湖草系统治理"的权重：0.2151。判断矩阵见表 6-7。

表 6-7   绿色产业发展指标层判断矩阵

绿色产业发展	经济林产品种植与采集	农林牧渔业总产值	旅游人次	权重
经济林产品种植与采集	1	0.5121	1.1249	0.2603
农林牧渔业总产值	1.9526	1	2.1965	0.5083
旅游人次	0.8890	0.4553	1	0.2314

集结后的判断矩阵——生态文化繁荣一致性比例：0.0000；对"临沧市创新示范区山水林田湖草系统治理"的权重：0.1270。判断矩阵见表 6-8。

表 6-8   生态文化繁荣指标层判断矩阵

生态文化繁荣	特色小镇	少数民族特色村寨	权重
特色小镇	1	0.5214	0.3427
少数民族特色村寨	1.9178	1	0.6573

集结后的判断矩阵——体制机制创新一致性比例：0.0000。对"临沧市创新示范区山水林田湖草系统治理"的权重：0.3006。判断矩阵见表 6-9。

表 6-9　体制机制创新指标层判断矩阵

体制机制创新	"六长制"落实率	生态护林员	山水林田湖草综合治理投入	权重
"六长制"落实率	1	1.5144	0.5131	0.2771
生态护林员	0.6603	1	0.3388	0.1829
山水林田湖草综合治理投入	1.9491	2.9516	1	0.5400

（2）基于变异系数法的指标权重　直接利用各项指标所包含的信息，通过计算得到指标的权重（表 6-10）。

表 6-10　基于变异系数法的指标权重

系统层	权重	序号	指标层	权重
生态环境改善	0.4062	1	矿山生态修复面积	0.4001
		2	地表水考核断面平均综合污染指数	0.0018
		3	森林覆盖率	0.0010
		4	草原植被覆盖度	0.0002
		5	湿地保护率	0.0012
		6	受污染耕地安全利用率	0.0018
		7	生物丰富度指数	0.0000
绿色产业发展	0.1724	8	农林牧渔业总产值	0.1306
		9	经济林产品的种植与采集业产值	0.0414
		10	旅游人次	0.0003
生态文化繁荣	0.3673	11	少数民族特色村寨	0.3438
		12	国家级、省级、市级特色小镇	0.0235
		13	山水林田湖草综合治理投入	0.0048
体制机制创新	0.0542	14	生态护林员人数	0.0005
		15	"六长制"落实率	0.0489

（3）基于熵权法的指标权重　以各指标的标准化数据为基础，通过计算其信息熵值的离散程度，判断该指标对综合评价的影响程度（即权重），见表 6-11。

表 6-11　基于熵权法的指标权重

系统层	权重	序号	指标层	权重
生态环境改善	0.5460	1	矿山生态修复面积	0.0569
		2	地表水考核断面平均综合污染指数	0.0366
		3	森林覆盖率	0.0575
		4	草原植被覆盖度	0.0319
		5	湿地保护率	0.0483
		6	受污染耕地安全利用率	0.1779
		7	生物丰富度指数	0.1368
绿色产业发展	0.1775	8	农林牧渔业总产值	0.0786
		9	经济林产品的种植与采集业产值	0.0489
		10	旅游人次	0.0500
生态文化繁荣	0.0760	11	少数民族特色村寨	0.0436
		12	国家级、省级、市级特色小镇	0.0324
体制机制创新	0.2005	13	山水林田湖草综合治理投入	0.0604
		14	生态护林员人数	0.1082
		15	"六长制"落实率	0.0319

（4）组合赋权结果　将通过层次分析法、变异系数法和熵权法得到的权重值分别按照 50%、25%、25% 的比例进行组合赋权，结果见表 6-12 所示。

表 6-12　指标体系的组合赋权结果

系统层	权重	序号	指标层	权重
生态环境改善	0.4166	1	矿山生态修复面积	0.1538
		2	地表水考核断面平均综合污染指数	0.0365
		3	森林覆盖率	0.0431
		4	草原植被覆盖度	0.0175
		5	湿地保护率	0.0277
		6	受污染耕地安全利用率	0.0727
		7	生物丰富度指数	0.0652
		8	农林牧渔业总产值	0.1069
绿色产业发展	0.1950	9	经济林产品的种植与采集业产值	0.0506
		10	旅游人次	0.0375

续表

系统层	权重	序号	指标层	权重
生态文化繁荣	0.1743	11	少数民族特色村寨	0.1386
		12	国家级、省级、市级特色小镇	0.0357
体制机制创新	0.2140	13	山水林田湖草综合治理投入	0.0974
		14	生态护林员人数	0.0547
		15	"六长制"落实率	0.0619

6.5　评估结果

按照上述指标体系组合赋权结果，计算各指标的评价得分。将单个指标进行标准化后，数据结果均在[0，1]之间，在此基础上乘以 100 得到百分制指数得分，每个指标的得分区间控制在[0，100]之间，使结果更加直观且具有可比性。指标得分的计算方法如下：

$$S_{ij} = S'_{ij} \times 100 \tag{6.16}$$

式中，S_{ij} 为第 i 个评价对象的第 j 个指标的得分；S'_{ij} 为以标准化的计算结果作为单个指标的得分。将所有指标得分相加，即可得到各系统层和目标层的总体得分。

6.5.1　综合得分情况

经过计算，得到 2016—2020 年目标层的总体得分（图 6-1）。可以看出，临沧市创新示范区山水林田湖草系统治理的综合效益整体上呈逐步上升趋势。从 2016 年的最低分 10.18 分，逐年提升到 2019 年的最高分 75.50 分，极差65.32，标准差 22.71，表明不同年份之间差异较大。

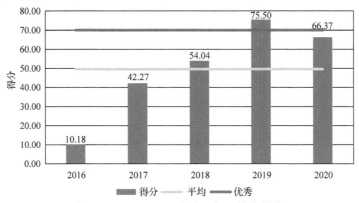

图 6-1　2016—2020 年度目标层综合得分

为更加直观地进行比较分析，按得分分布情况对综合得分进行不等距等级划分，具体划分标准见表6-13。按此标准，2016年综合得分10.18分，等级划分为Ⅰ级，综合效益为"差"；2017年综合得分42.27分，2018年综合得分54.04分，等级划分为Ⅱ级，综合效益为"中"；2019年综合得分75.50分，等级划分为Ⅳ级，综合效益为"优"；2020年综合得分66.37分，等级划分为Ⅲ级，综合效益为"良"。这5年的平均值为49.67分，归为Ⅱ级"中"。即2016—2020年，示范区山水林田湖草系统治理评估分别为差、中、中、优、良，平均治理综合效益为"中"，整体趋于"良"和"优"。

表6-13　综合得分不等距等级划分标准及评价结果

得分	[0, 30)	[30, 55)	[55, 70)	[70, 100)
等级划分	Ⅰ级	Ⅱ级	Ⅲ级	Ⅳ级
综合效益	差	中	良	优
年度	2016	2017、2018	2020	2019

6.5.2　系统层得分情况

指标体系中4个系统层的贡献度不一，差异显著，按贡献程度大小排序依次为"生态环境改善">"体制机制融合创新">"生态文化繁荣">"绿色产业发展"。

6.5.2.1　生态环境改善

从系统层来看，系统层"生态环境改善"贡献最大，平均总得分20.46分，对目标层的贡献度为41.20%。其中，系统内得分最高的指标为"矿山生态修复"，平均得分7.90分，系统内贡献度38.62%；其次是"受污染耕地安全利用率"，平均得分3.59分，系统内贡献度17.54%；之后是"地表水考核断面平均综合污染指数"和"生物丰富度指数"，分别得分2.29分和2.04分，贡献度分别为11.19%和9.96%。而"森林覆盖率""草原植被覆盖度"和"湿地保护率"分别得分1.91分、1.37分和1.36分，系统内贡献度分别为9.33%、6.72%和6.65%，系统外贡献度更是低至3.84%、2.76%和2.74%（图6-2）。可以看出，"生态环境改善"是临沧市创新示范区山水林田湖草系统治理的核心，其中尤以矿山修复、耕地安全及水污染等问题最为突出，同时也是实施山水林田湖草系统治理措施后取得成效最高的方面。而森林、草原和湿地等要素基本一直处于较好的保护水平上，所以近年来这些方面的系统治理程度和成效不突出。

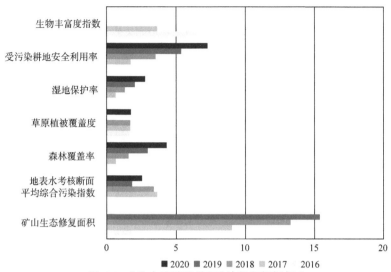

图 6-2　"生态环境改善"系统层各指标得分

6.5.2.2　绿色产业发展

系统层"绿色产业发展"贡献最小，平均总得分 7.88 分，整个系统层贡献度为 15.87%。其中，系统内得分最高的"农林牧渔业总产值"，平均得分 3.90 分，系统内贡献度达 49.51%；其次是"经济林产品种植与采集"，平均得分 2.27 分，系统内贡献度达 28.85%；最后是"旅游人次"，平均得分 1.71 分，系统内贡献度达 21.64%。可以看出，山水林田湖草系统治理对绿色产业方面的影响不显著，绿色产业发展目前还不是山水林田湖草系统治理的重要方面，通过山水林田湖草系统治理带动绿色产业发展的成效还不明显(图 6-3)。

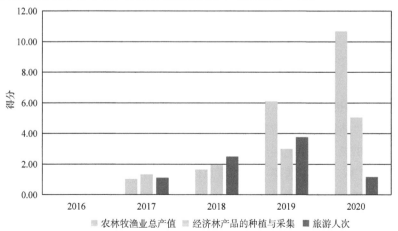

图 6-3　"绿色产业发展"系统层各指标得分

6.5.2.3 生态文化繁荣

系统层"生态文化繁荣"贡献第三,平均总得分 9.87 分,整个系统层贡献度为 19.86%。尽管该系统层仅"少数民族特色村寨"和"国家级、省级、市级特色小镇"两个指标,但是其作用较为突出。其中,"少数民族特色村寨"平均得分 7.21 分,系统内贡献度达 73.11%,总体贡献度达 14.52%,仅次于"矿山生态修复"得分,说明伴随着临沧市创新示范区山水林田湖草系统治理政策和措施的开展,临沧市"少数民族特色村寨"近年来得到了较好发展。"国家级、省级、市级特色小镇"平均得分 2.65 分,系统内贡献度达 26.89%,但从近年情况看其发展速度不如"少数民族特色村寨"。从整体上看,山水林田湖草系统治理对生态文化繁荣的影响在逐步提升,生态文化繁荣目前已是山水林田湖草系统治理的重要产物,通过山水林田湖草系统治理有望更进一步提高临沧特色小镇、少数民族特色村寨等数量,繁荣临沧众多少数民族共同的生态文化(图 6-4)。

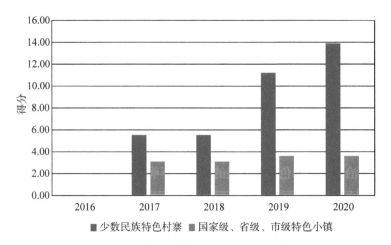

图 6-4 "生态文化繁荣"系统层各指标得分

6.5.2.4 体制机制创新

系统层"体制机制创新"贡献第二,平均总得分 11.46 分,整个系统层贡献度为 23.07%。该系统层内,"山水林田湖草综合治理投入"以 4.47 分、系统内贡献度 39.02%高居第一,甚至总体贡献度也达 9.00%,所有指标中排第 4;"生态护林员"平均得分 2.04 分,系统内贡献度 17.79%;"'六长制'落实率"平均得分 4.95 分,系统内贡献度达 43.19%,总体贡献度达 9.96%,所有指标中排第 3。整体上,资金投入和制度是体制机制融合、创新的关键,随着近年来临沧市创新示范区山水林田湖草系统治理的持续推进，临沧市山水林田湖草系统治理在提高资金投入和制度实施方面发挥了很大作用（图 6-5）。

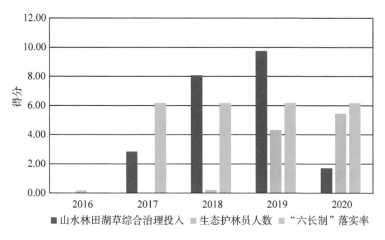

图 6-5　"体制机制创新"系统层各指标得分

6.6　结论和建议

6.6.1　基本结论

（1）2016—2020 年间，山水林田湖草系统治理得分最高为 2019 年的 75.50 分，最低为 2016 年的 10.18 分。其中，2016 年的综合效益评估为"差"，2017 年、2018 年综合效益评估为"中"，2019 年综合效益评估为"优"，2020 年综合效益评估为"良"。

（2）在生态环境改善、绿色产业发展、生态文化繁荣、体制机制创新 4 个系统层中，生态环境改善对山水林田湖草系统治理综合效益的贡献最大，系统层贡献度高达 41.20%；其次为体制机制创新和生态文化繁荣，系统层贡献度分别为 23.07% 和 19.86%；绿色产业发展对山水林田湖草系统治理综合效益的贡献最小，系统层贡献度为 15.87%。

（3）从单个指标上看，生态环境改善下的矿山生态修复面积、生态文化繁荣下的少数民族特色村寨数量、体制机制创新下的山水林田湖草综合治理投入和"六长制"落实率是对山水林田湖草系统治理综合效益贡献最大的指标，这 4 个指标合计贡献率达到了 49.40%。

6.6.2　评估建议

(1)持续加强生态保护，尽快补齐生态修复短板。评估结果显示，矿山修复、耕地安全及水污染是生态环境改善中最为突出的问题，但森林、草原和湿地等生态系统要素对山水林田湖草系统治理综合效益的贡献较小，说明临沧目前主要面临的是生态环境治理问题，由于长期的持续保护以及自然资源本底较好等因素，对山水林田湖草系统治理起到了辅助支撑的压舱石作用，是一种正向的反馈。在后续的治理过程中，需要在持之以恒做好生态系统保护的基础上，加强对矿山修复、耕地安全及水污染的治理，补齐短板，提升综合效益。

(2)积极拓展资金渠道，不断加大生态治理投入。评估结果显示，山水林田湖草综合治理投入对山水林田湖草综合治理的贡献度较高，但临沧目前绝大多数的治理经费来自国家财政拨款，经费来源渠道单一，配套较差，可持续性不强。在后续的治理过程中，要大力拓宽治理项目来源，积极争取社会资金、个人投资、保险金融等多途径多渠道的资金配套，建立健全纵向生态补偿和横向生态补偿机制，统筹生态产业的生态产品价值实现，夯实山水林田湖草系统治理的财政根基。

(3)保护少数民族生态文化，充分发挥少数民族作用。评估结果显示，少数民族特色村寨这一指标对山水林田湖草系统治理综合效益的贡献较大，在所有15个指标中名列第二，说明在临沧这个少数民族聚居地，充分发挥少数民族村寨和少数民族居民在生态治理中的作用非常重要。今后需要进一步挖掘少数民族的特色与魅力，充分激发其潜能，把生态治理融入少数民族文化，弘扬生态保护的优秀传统文化，提升全社会生态文明意识。

(4)不断完善体制机制，提升治理效率和效果。评估结果显示，在4个系统层中，体制机制创新对山水林田湖草综合治理的贡献度排名第二，说明在山水林田湖草综合治理过程中，体制机制的制度性保障和相互交叉融合很好地保障支撑了综合性、系统性的生态治理项目及工程的开展实施。在今后的生态治理中，要进一步重视和发挥体制机制的作用，完善和健全各项制度保障，充分进行制度融合创新，切实保障山水林田湖草系统治理的力度和效果。

(5)改进数据统计机制，强化生态治理监测。在本次评估过程中发现，评价指标体系中的很多基础数据存在统计不全、不准的问题，严重影响了对山水林田湖草系统治理综合效益的宏观把握。今后需要切实加强农业农村、林草、水务、文旅等各部门数据的共建共享，不断完善各类自然资源、生态治理、绿色产业、特色文化、体制机制等方面的统计工作，特别是在生态监测方面要进一步加大力度，积极申报国家级、省级生态系统长期定位观测站点，加强市级生态定位站点建设，形成覆盖山水林田湖草各要素的布局合理的生态监测网络。

第7章

山水林田湖草系统治理动态考评方案设计

统筹山水林田湖草系统治理，是贯彻落实习近平生态文明思想、推进人与自然和谐共生现代化建设的重要举措，也是新时期落实联合国 2030 议程的重要抓手。根据云南省《关于支持临沧市建设国家可持续发展议程创新示范区若干政策》《临沧市可持续发展规划 (2018—2030 年)》以及临沧市委市政府相关文件要求，为全面提升生态系统稳定性、多样性和持续性，高质量推进创新示范区建设，有必要对全市各县 (区) 推进山水林田湖草系统治理情况进行动态考评。

7.1 总体思路

7.1.1 考评目的

建立山水林田湖草系统治理动态考评制度的主要目的：充分发挥考评的指挥棒作用，推动落实主体责任，牢固树立尊重自然、顺应自然、保护自然的意识，强化系统思维、整体观念，统筹推进山水林田湖草系统治理，切实保护和建设好森林草原、河湖湿地、农田园地等生态系统，夯实建设人与自然和谐共生的可持续发展示范区、打造生态文明建设排头兵的绿色基础。

7.1.2 考评对象

本方案的考评对象主要是临沧市各县 (区) 级人民政府。各县 (区) 可结合当地具体情况和需求，制定并实施本县 (区) 范围内的考评方案，用以考评乡 (镇) 级人民政府。

7.1.3 考评时段

山水林田湖草系统治理动态考评方案可以用于年度考评，也可以用于每个五年规划期的终期考评。

7.2　考评指标体系

7.2.1　指标选择

以本研究提出的临沧市创新示范区山水林田湖草系统治理评估指标体系为基础,参考国内相关研究成果(李红举等,2019;陈妍等,2023;任月等,2023),充分考虑各县(区)生态保护修复工作职责任务等实际情况,在广泛征求各方面意见的基础上,研究建立临沧市山水林田湖草系统治理动态考评指标体系(表7-1)。

表 7-1　山水林田湖草系统治理动态考评指标体系

指标分类及权重	指标设置	指标分值	打分标准
山水林田湖草系统治理推进情况（权重0.6）	矿山生态修复	10	根据矿山生态修复工作推进情况,在0~10之间打分
	水土流失治理	10	根据水土流失治理工作推进情况,在0~10之间打分
	水污染治理	10	根据水污染治理工作推进情况,在0~10分间打分
	河道治理	10	根据河道治理工作推进情况,在0~10分间打分
	森林资源保护	10	根据森林资源保护工作推进情况,在0~10之间打分
	森林质量提升	10	根据森林质量提升工作推进情况,在0~10之间打分
	耕地污染治理	10	根据耕地污染治理工作推进情况,在0~10之间打分
	湿地保护修复	10	根据湿地保护修复工作推进情况,在0~10之间打分
	草原保护修复	10	根据草原保护修复工作推进情况,在0~10之间打分
	生物多样性保护	10	根据生物多样性保护工作情况,在0~10之间打分
山水林田湖草系统治理机制保障（权重0.4）	山水林田湖草综合治理部门协调机制	10	根据是否建立山水林田湖草系统治理部门协调机制,以及实际发挥作用情况,在0~10之间打分
	山水林田湖草系统治理政策创新	10	根据是否制定出台山水林田湖草系统治理相关政策,以及实际发挥作用情况,在0~10之间打分
	"六长制"落实	10	根据"六长制"落实情况,在0~10之间打分
	生态护林员配置	10	根据生态护林员配置、管理等情况,在0~10之间打分
	生态保护执法机制	10	根据生态保护执法队伍和工作机制建设,以及实际发挥作用情况,在0~10之间打分
	生态保护监督机制	10	是否建立违法行为监督举报制度、设立举报电话和邮箱等,以及对举报的处置情况,在0~10之间打分
	山水林田湖草综合治理投入	10	根据山水林田湖草系统治理投入情况,特别是地方财政投入情况,在0~10之间打分
	吸引社会资本投入	10	根据是否创新投入机制,吸引社会资本投入山水林田湖草综合治理情况,在0~10之间打分
	科技创新与推广应用	10	根据组织开展山水林田湖草系统治理科技创新和推广应用,选派科技特派员,制定相关技术标准等情况,在0~10之间打分
	科普宣教	10	根据组织开展山水林田湖草系统治理主题科普宣传、培训等活动情况,在0~10之间打分

指标分类及权重	指标设置	指标分值	打分标准
加分项（不设限）	表彰奖励	—	凡因推进山水林田湖草系统治理成绩显著，单位或个人受到国家级表彰的，每次加 5 分；受到省部级表彰的，每次加 3 分；受到市级表彰的，每次加 1 分
	上级表扬	—	本地推进山水林田湖草系统治理做法和经验等，得到国家级领导肯定性批示的，每次加 5 分；得到省部级领导批示的，每次加 3 分；得到市级领导批示的，每次加 1 分
	社会影响	—	本地推进山水林田湖草系统治理做法和经验等，在市级及以上主流媒体宣传推广的，每次加 1 分
减分项（不设限）	生态灾害	—	凡发生林草火灾、重大病虫害、外来生物入侵等生态灾害的，每次减 5 分
	生态案件	—	凡发生非法占用林地、草地、湿地、农田、河道等，破坏森林、草原、湿地、河流、野生动植物资源等生态环境案件的，每次减 3 分
	上级批评	—	凡因推进山水林田湖草系统治理工作不力，受到上级领导或部门通报或批评的，每次减 2 分
	社会监督	—	凡因生态破坏等问题被主流媒体曝光，且经核属实的，每次减 2 分

本指标体系共分为"山水林田湖草系统治理推进情况""山水林田湖草系统治理机制保障"以及"加分项"和"减分项"4 个大类，27 个具体指标。其中，在"山水林田湖草系统治理推进情况"中，包括矿山生态修复、水土流失治理、水污染治理、河道治理、森林资源保护、森林质量提升、耕地污染治理、湿地保护修复、草原保护修复、生物多样性保护等 10 个指标；在"山水林田湖草系统治理机制保障"中，包括山水林田湖草系统治理部门协调机制、山水林田湖草系统治理政策创新、"六长制"落实、生态护林员配置、生态保护执法机制、生态保护监督机制、山水林田湖草系统治理投入、吸引社会资本投入、科技创新与推广应用、科普宣教等 10 个指标；在"加分项"中，包括表彰奖励、上级表扬、社会影响等 3 个指标；在"减分项"中，包括生态灾害、生态案件、上级批评、社会监督等 4 个指标。

需要说明的是，本考评方案以生态系统治理推进情况为重点，因此不涉及"绿色产业发展"和"生态文化繁荣"的内容。

7.2.2 权重设定

根据各指标的重要性和影响程度，在专家打分的基础上，确立了各指标类别的权重和具体指标的分值。其中，"山水林田湖草系统治理推进情况"的权重为 0.6，下设的 10 个指标的最高分值均为 10 分，总分 100 分，加权分值 60 分；"山水林田湖草系统治理机制保障"的权重为 0.4，下设的 10 个指标的最高分值同样为各 10 分，总分 100 分，加权分值 40 分。以上两类的加权合计为 100 分。"加分项"和"减分项"不设上限和下限，根据实际情况打分。

7.2.3　等次划分

将"山水林田湖草系统治理推进情况"的加权得分、"山水林田湖草系统治理机制保障"的加权得分、"加分项"和"减分项"进行加总，即为山水林田湖草系统治理动态考评的最终得分。

根据最终得分，将考评结果分为 4 个等级：90 分以上为"优秀"，75—90 分为"良好"，60—75 分为"合格"，60 分以下为"不合格"（表 7-2）。

表 7-2　山水林田湖草系统治理动态考评等级划分

考评等级	考评得分(S)
优秀	$S \geqslant 90$
良好	$75 \leqslant S < 90$
合格	$60 \leqslant S < 75$
不合格	$S < 60$

对于下列情况之一者，可以实行"一票否决"，直接将考评等级定为"不合格"：报送的材料存在弄虚作假的；发生重大破坏生态环境案件、重大生态灾害且处置不力，造成严重不良社会影响的；对检举投诉人实施打击报复的。

7.3　考评方法

7.3.1　工作机制

开展山水林田湖草系统治理动态考评，需要建立完善的考评工作机制。

一是成立"临沧市山水林田湖草系统治理动态考评工作领导小组"。由分管生态保护修复的市领导任组长，成员由市财政、发展改革委、自然资源、生态环境、林草、水务、农业农村、科技等相关部门人员组成。

二是成立"临沧市山水林田湖草系统治理动态考评专家组"。建立包括本市、云南省以及省外相关领域专家的临沧市山水林田湖草系统治理专家库，在每年开展考评时随机抽取部分专家，参加年度考评工作。

三是设立"临沧市山水林田湖草系统治理动态考评工作领导小组办公室"。建议挂靠市自然资源管理部门，负责山水林田湖草系统治理动态考评工作的具体落实。

7.3.2　考核程序

(1)工作总结　结合年度总结工作，各县(区)人民政府组织相关部门，根据上述各项考评内容，对本年度推进山水林田湖草系统治理情况逐一进行总结并形成总结报告后，报市考评工作领导小组办公室，并附相关佐证材料。

(2)材料审核　市考评工作领导小组办公室对各县(区)报送的材料进行审核。根据需要，可以针对重点问题进行专项调查，包括听取汇报、索取补充材料、现场查勘和社会调查等。

(3)考评打分　由市考评工作领导小组办公室组织考评领导小组成员和考评专家组成员进行考评打分。组织方式可以以会议方式或函评方式进行。

(4)考评汇总　市考评工作领导小组办公室对考评领导小组成员和考评专家组成员打分情况进行汇总并形成考评报告，报市委市政府审定。

(5)结果公布　市委市政府对考评结果进行审定后，按照相关规定进行公布。

7.4　结果运用

为充分发挥考评的"指挥棒"作用，考评结果应与生态保护修复专项资金、创新示范区专项资金的分配挂钩，并作为对县(区)人民政府领导班子和领导干部综合考评的重要依据。

(1)对于考评等级为优秀的县(区)，由市政府在全市通报表扬，结合全市各类表彰活动进行表彰奖励。生态保护修复专项资金、创新示范区专项资金向该县(区)倾斜。连续三年考评等级为优秀的县(区)，可申请一个年度的免予考评资格。

(2)对于考评等级为不合格的县(区)，由市政府在全市通报批评，县(区)人民政府应在考评评价结果公告后一个月内，向市政府作出书面报告，提出限期整改工作措施，并抄送市发展和改革委员会。整改不到位的，以及连续两年不合格的县(区)，其相关部门主要负责人将被约谈。

(3)对于在考评工作中瞒报、谎报情况的县(区)，予以通报批评；对直接责任人员依法追究责任。

7.5　工作要求

（1）加强组织领导　各县（区）建立相应机制，形成领导有力、分工明晰、协调有序工作局面，及时、准确报送总结材料和佐证材料，并对报送资料的准确性、真实性、完整性负责。

（2）严格规范要求　加强全过程的质量管控，推动考评工作制度化、规范化、程序化；要严肃工作作风，严守纪律要求，严格过程监管，保证考评结果的公正性和公信力；要防止重复考评和多头考评，切实减轻基层负担。

（3）提高工作效率　注重发挥考评指挥棒作用，坚持奖优罚劣。对表现突出的，给予表彰奖励；对考核排名靠后的，加强工作指导，要求整改到位。坚持将功夫花在平时，将资料审核、调研走访与日常业务工作相结合，常态化把控各地工作进展和成效。

第 8 章

山水林田湖草系统治理模式总结

统筹推进山水林田湖草系统治理，是生态治理理念的重大创新，是生态治理模式的深刻革命。纵观国内外生态保护修复的历史与现状，目前还没有山水林田湖草系统治理的固定模式。近年来，临沧市在统筹推进山水林田湖草系统治理方面进行了积极的实践探索，积累了丰富的经验，形成了符合临沧市具体实际的有效模式。

8.1 "生态保护修复+农林产业发展"全流域协同治理模式

8.1.1 问题导向

南汀河是临沧市境内最大的一条出境河流，隶属怒江水系一级支流，其发源于临翔区，流经云县、永德县、耿马县、镇康县、沧源县后进入缅甸与萨尔温江汇合，其河道境内全长 246.2 千米，流域面积 9165 平方千米。南汀河是临沧的母亲河，是支撑临沧市经济社会可持续发展的重要基础，流域的生态环境状况直接影响临沧市未来发展。针对水土流失、水质污染等南汀河流域生态环境突出问题，近年来，临沧市统筹考虑"山+水+林+田+湖+草"各个要素，注重"管理+技术+产业"的协调统一，统筹推进生态保护修复、农林产业发展、惠民增收致富的深度融合，逐渐形成一套具有临沧特色的"生态保护修复+农林产业发展"流域协同治理模式。

8.1.2 治理目标

深入践行"绿水青山就是金山银山"理念，坚持生态产业化、产业生态化发展道路，通过统筹推进山水林田湖草系统治理，全面恢复南汀河流域生态植被，改善流域生态环境，不断丰富生物多样性，促进南汀河流域农林业产业结构调整，生态环境与经济社会协同发展，为建设可持续发展创新示范区奠定坚实的生态基础。

8.1.3　技术措施

(1)以流域为系统治理基本单元　流域系统治理是一项系统工程,需要同时统筹水利发展、污染防治、城镇景观绿化、生物多样性保护、历史文化保护等事项。临沧市始终坚持保护优先、自然恢复为主、人工修复为辅的原则,因地制宜选择适宜本地的生态修复技术和模式,针对流域突出生态环境问题,科学谋划工程项目建设内容。对于需要严格保护的,尽可能减少人为干预;对于需要积极修复的,结合实际,遵循自然规律,科学选取技术模式,宜林则林、宜草则草。在生态护岸方面,鼓励选择以乡土植物为主、耐水湿、根系发达,且具有良好固土能力的植物,兼顾营造美丽的自然景观。坚持合理开发水资源,科学测算生态基流,建立流域上下游生态基流协调机制,保障生态环境需水量;强化污染源头控制,利用河流滩涂地、湿地等未利用地,设置面源生态拦截带;加强河流水系连通,保留原有河道浅滩和深潭,严禁侵占自然河道,保护水生生物生境,维持生物多样性。

(2)加强流域源头水源涵养区治理　在流域源头和部分上游山地区域,地貌类型以中山为主,土壤类型以红壤为主,植被覆盖率较高,自然环境相对较好。在技术路径上,以保护现有植被为重点,围绕河流源头区域,在现有自然条件基础上严格实施封山护林,充分借助生态系统自我修复能力保护和恢复植被;加大水源涵养林的营造与培育力度,结合退耕还林还草工程、小流域综合治理和森林城市建设,增加森林植被,提高森林生态系统的质量和稳定性,改善区域生态环境;注重加大河流源头人口聚集地的河道治理力度,开展岸堤加固及岸线绿化美化带建设,强化流域源头、上游生态屏障作用,为整个流域持续发挥生态系统服务功能提供基础保障。

(3)强化流域沿岸陡坡水土流失治理　在部分上游和部分中游区域,地貌类型以中山为主,部分流域沿岸地势陡峭,个别地段出现岩石裸露情况,土壤类型以红壤为主,植被覆盖率较高,自然环境相对较好,局部地段存在水土流失现象。在治理措施上,重点关注流域沟壑两岸、陡坡、岩石裸露、冲沟密布、土层贫瘠、自然植被稀少、水土流失严重的区域,通过采用封山育林、育草等方法进行生态自然修复;加大管护力度,严禁采石、开荒、放牧、非抚育性采伐和植被破坏等行为,保护恢复植被,减少水土流失和地表径流冲刷,逐步增加物种多样性,提升流域抵御自然灾害的能力。

(4)因地制宜发展农林产业　在部分中游和下游区域,地貌类型以中山、低山、丘陵为主,土壤类型以红壤为主,人口密度较高,人类活动强度较大,生产建设活动较为频繁，流域范围水土流失较为严重。部分村镇周边的无序开垦、过度放牧，导致局部区域生态系统遭受威胁，部分地区生态系统功能退化较为严重。因此，在坡度较缓、灌溉水源条件较好、生态环境承载力较高、自然恢复力较强的区域，适度有序发展绿色农林产业，推广绿色防控应用技术，控制农业面源污染。具体包括以下5种典型措施：①在具备灌溉条件的25°以下缓坡耕地，采用坡改梯后进行"经济林乔木（美国山核桃）+经济林灌木（番荔枝）+林下作物（大豆、魔芋、山药等农作物）"的"乔+灌+草"生物多样性优化立体种植；②在不具备灌溉条件的25°以下缓坡耕地，采用坡改梯后进行"澳洲坚果+咖啡"的抗旱立体种植；③在25°以上的坡耕地，采用澳洲坚果顺坡等高线带状种植；④在海拔500米以上的离河岸中断面山，采取以枇杷为主的耐旱性较强的经济林果适地适树种植；⑤在泥石流形成的干沟，采用临沧本地特有的巨龙竹进行种植。

8.1.4　机制创新

（1）坚持高位推动、责任到位　积极推动南汀河流域保护管理的规范化、法制化和长效化，市政府印发了《南汀河保护管理条例》及其实施办法，明确了执法主体职责和权限等，为严格南汀河流域保护与利用提供了根本遵循。全面推行河（湖）长制，深入开展"清河、护岸、净水、保水"四项行动，推动河（湖）长制从"有名"到"有实"转变。全面推行河（湖）长制后，涉河违法行为及脏、乱、差现象有人问、有人管，乱排污水、乱倒垃圾等现象得到有效遏制，目前全市共1800多名党政领导担任河（湖）长，对全市河湖管理保护负总责，为加快建设生态宜居临沧提供有力支撑。

（2）协同推进各级各类工程项目　在流域山水林田湖草系统治理中，统筹推进天然林资源保护、退耕还林还草、退牧还草、退耕还湿、小流域综合治理、国家森林城市创建等国家级、省级、市级各类生态保护修复工程项目，整合涉及山水林田湖草系统治理的项目资金，坚持集中投入，进一步规范资金使用用途，合理配置公共财政资源，初步形成项目资金等系统治理合力，保证有限的资源要素能够用在关键环节，彰显发挥集中力量办大事的制度优势。

（3）强化全流域全过程监督管理　加强流域系统治理影响评价管理，确保在项目开工以前完成项目影响评价前置手续。强化项目施工期间影响评价措施落实情况，尤其是生态环境敏感脆弱地带、自然保护地等重点区域，切实加强全过程监督管理。对发现的问题，及时提出整改要求；对逾期未整改到位的，采取经济、行政、法律等综合手段，督促落实整改。

8.1.5　治理成效

（1）流域生态环境得到明显改善　通过对南汀河流域采取封山育林、退耕还林、植树造林等植被恢复措施和小流域综合治理、坡耕地水土流失综合治理、河道治理等工程措施，南汀河流域的林草植被逐步增加，水源涵养能力逐步提高，生态环境得到有效改善。临沧市着力补齐污水处理短板，努力实现污水全覆盖、全收集、全处理，确保污水处理提质增效。新建、改扩建一批城市污水处理厂，全市 68 个非城关乡（镇）生活垃圾处理设施覆盖率 100%，生活污水处理设施覆盖率 76.47%，自然村生活垃圾收集处理率 99.9%。全市纳入监测的 19 个县级及以上集中式饮用水水源地水质监测评价结果达Ⅱ类及以上，水质状况为优。

（2）农林产业得到快速发展　临沧市坚持以人为本，按照"共抓大保护、不搞大开发"的总体思路，加快农业农村现代化建设，着力打造"绿色能源""绿色食品""健康生活目的地"三张牌，大力发展生态产业，荒山秃岭变绿水青山，绿水青山变金山银山，持续向贫困群众释放"生态红利"。在退耕还林中，通过打造产业集群，以"核桃之乡"凤庆县、"澳洲坚果之乡"和"诃子之乡"永德县、"特色竹乡"沧源县为代表，核桃、临沧坚果等产业聚集度不断提高，累计建成高原特色农业产业化基地 2200 多万亩，坚果面积居全国第一、核桃面积居全省第二、橡胶面积和产量均居全省第三。2020 年，全市实现林业总产值 293.7 亿元，农村常住居民林业可支配收入 6735 元，农林绿色产业成为农民增收致富的重要支柱。

8.2　"政府以奖代补+社会资本投入"小流域综合治理开发模式

8.2.1　问题导向

临沧市是典型的山区，山地面积占全市总面积 97%，山大沟深平地少，陡坡耕作极易引起水土流失。由于灌溉设施匮乏，干旱季节灌溉困难，坡耕地瘠薄，土壤肥力差，土地产出低，坡耕地的水土流失等问题亟待综合治理。近年来，临沧市始终坚持生态优先、绿色发展，结合小流域治理、石漠化治理、退耕还林、土地整治等项目，不断完善财政奖补机制，创新水土保持工程机制，实施了一批以奖代补小流域综合治理工程项目，形成了符合当地生态环境状况和农业生产实际的生态保护与经济发展协同推进的小流域综合治理开发模式。

8.2.2 治理目标

通过综合治理，建立项目涉及区域水土流失综合防治体系、特色农业发展体系，有效控制水土流失，建设良好的生态环境，改善农业生产条件和农村基础设施，提高群众生活水平，树立水土流失区域水土流失治理的典型，促进区域经济的可持续发展。

8.2.3 技术措施

工程措施主要包括坡改梯工程，沟头防护工程(溪沟整治，谷坊、截(排)水沟、沉沙池、消力池)，小型水利水保工程(田间灌排结合的斗、农渠、管道、蓄水池(窖)、沉沙池)，淤地坝(拦沙坝)、塘坝等，增强小流域水土保持能力。生物措施包括营造水土保持林、种植经果林(按标准整地)、种草等，以完善的植被体系，提升生态系统涵养水源、固土保肥功能。经济措施包括建设产业园区、推动一二三产融合发展。

永德县勐黑坝小流域坡耕地水土流失综合治理工程于 2019 年 9 月正式启动，于 2022 年 1 月完成建设任务。工程流域土地总面积 370.39 公顷，其中坡耕地面积 241.01 公顷。工程以治理水土流失和改善农业生产条件为主要任务，对适宜地块进行坡改梯改造并配套建设水利设施。在治理过程中，通过建设坡面径流拦蓄水工程，对相应的地形进行改造，其中对适宜地块进行坡改梯改造，并配套建设水利设施。共完成坡改梯 240.16 公顷，新建 100 立方米的蓄水池 15 座，架设管道 47.07 千米，修缮机耕道路 10.66 千米。

在临翔区圈内乡昔木河小流域治理工程项目中，采取保土耕作、发展经济林果、营造水土保持林和修建蓄水池等措施，治理圈内乡水土流失面积 131.5 平方千米。工程实施保土耕作 2782 公顷，建设经果林 173 公顷，封禁治理 1734 公顷。

8.2.4 机制创新

(1)实行以奖代补机制　根据《水利部关于进一步推动水土保持工程建设以奖代补的指导意见》《云南省水利厅关于征求进一步推动水土保持工程建设以奖代补的实施意见》等规定，结合本市水土流失治理实际情况，对区域内水土流失严重、贫困人口集中、治理要求迫切、示范效应明显，社会参与水土保持工程积极性较高的区域进行奖补。以奖代补资金主要是以中央财政水利发展资金和地方财政用于国家水土保持重点工程建设的资金，根据治理措施和相应的国家补助标准下达工程项目资金。奖补对象主要针对自愿出资投劳参与水土流失治理的农民合作社、家庭农场、村组集体、专业大户、农户以及其他企业、社会组织等建设主体。在奖补标准上，对于没有经济效益的措施，奖补标准不高于工程结算价款的 70%；对于有一定经济效益的措施，奖补标准不高于工程结算价款的 50%。

(2)吸引社会资本投入　临翔区有效撬动社会资本参与实施水土流失治理项目，建成了国家农村产业融合发展示范园，引进的云南壹百度茶业有限公司采取"公司+农户"的利益联结模式，通过土地流转开展茶园标准化种植，打造集有机农业、循环农业、创意农业于一体的田园综合体。示范园项目投资规模预算 8.3 亿元，目前已经完成资金投入 3.12 亿元，其中企业资金投入 1.8 亿元。

(3)建立多样利益联结机制　通过基地建设保障企业原料供应和品质稳定，通过规模化、集约化降低成本，为提高品牌影响力和可持续发展能力奠定良好基础。同时，农户按照企业标准进行田间管理，实现家门口就业，提高劳动效率，种植收入更加稳定，通过利益联结机制与企业共同分享生产加工和服务产业带来的产业附加值。

8.2.5　治理成效

(1)有效控制了水土流失　通过实施小流域水土流失综合治理工程，区域内的水土流失得到有效控制，有效缓解了项目区水土资源不匹配的矛盾，保土、保水、保肥能力显著提高，生态系统逐步形成了良性循环，并起到很好的试点示范作用。在治理后的勐黑坝，通过小流域坡耕地水土流失综合治理工程的实施，山体植被得到有效恢复，水土涵养功能不断提升，水土流失治理程度达到 95%。

(2)改善了农村生产生活条件　通过小流域治理工程项目的实施，有效缓解了项目区水土资源不匹配的矛盾，保土、保水、保肥能力显著提高。通过修建蓄水池，架设管道，修缮机耕道路，配置水泵、取水井、蓄水池、水管、闸阀井、机耕道、太阳能光伏泵、排水沟等基础设施，大幅度提升了农业水利化程度，提高了生产效率和耕地单产，有效改善了当地生产条件。

(3)促进了农民增收致富　通过小流域治理工程项目的实施，有效促进了当地产业结构调整和农民增收，并起到良好的试点示范作用。"十三五"以来，通过各县(区)、各部门积极治理，全市治理水土流失面积 1937.7 平方千米，减少土壤流失 767627.15 吨，增产粮食 4780.83 吨，群众增加收入 6861.34 万元，使 18.95 万人从中受益。临翔区国家农村产业融合发展示范园惠及圈内乡炭窑村、昔木村等 5 个村委会 43 个自然村，已至少为每户一人提供固定岗位，最早的已工作 3 年，人均月收入达 2400 元以上，预计 2 万亩标准化有机茶园基地建成投产后，将为圈内乡农户提供就业岗位 7000 多个，帮助大家增收致富。同时企业已在圈内乡完成土地流转 15600 亩，涉及农户 1237 户，农户获得收益 780 万元。

8.3　"生态系统修复+土地科学利用"矿山综合治理模式

8.3.1　问题导向

根据 2020 年土地调查结果，全市有 636.34 公顷的裸土地和 187.55 公顷裸岩石砾地。在 8 个县(区)中，云县的裸土地和裸岩石砾地面积最大，分别达 206.87 公顷和 41.55 公顷；其次是镇康县和永德县，裸岩石砾地面积分别为 34.22 公顷和 33.82 公顷；耿马县的裸岩石砾地面积最小，为 4.76 公顷。根据《云南省自然资源厅关于加快推进历史遗留矿山生态修复工作的通知》要求，经对全市历史遗留矿山核查、自然资源部审定，临沧市共有历史遗留矿山未修复 241 个图斑。根据云南省第五生态环境保护督察组的问题反馈，目前全市的矿山修复完成率仅为 30.7%，修复面积完成率仅为 33%。为此，临沧市切实加大矿山生态修复力度，坚持自然恢复与工程措施相结合、生态修复与科学利用相结合，探索出一套行之有效的矿山综合治理模式。

8.3.2　治理目标

全面贯彻习近平生态文明思想，牢固树立"绿水青山就是金山银山"的理念，坚持共抓大保护、不搞大开发，按照保障安全、恢复生态、兼顾景观的总体要求，因地制宜、多措并举、系统修复，力求到 2025 年年底前完成全部历史遗留废弃矿山生态修复工作，助力生态文明建设。

8.3.3　技术措施

(1)按照"一矿一策"要求制定修复措施　矿山生态修复遵循宜耕则耕、宜林则林、宜草则草、宜建则建、宜湿则湿的原则，以自然修复为主、绿化修复和人工修复为辅，按照云南省矿山生态修复相关技术标准，结合临沧市实际，坚持"一矿一策"制定修复措施，因地制宜推进生态修复工作。

(2)坚持地形地貌整治与植被恢复并举　根据山体受损情况，以达到最佳生态恢复效果为原则，分类开展受损山体综合治理和矿坑生态修复。为固定山体、防止地质灾害，在矿区内开展客土回填矿坑、边坡修复、鱼鳞坑围堰等生态修复措施，采用难度大、成本高的"拉土回填"方式填埋矿坑、修复受损山体，最大程度减少地质灾害发生风险，确保生态修复区域的安全。通过栽植树木、恢复生态，在填土治理矿坑的同时进行绿化，因地制宜栽植适生乡土树种，恢复绿水青山、四季有绿的生态原貌，为替代产业和区域经济的发展创造基础条件。对矿坑及周边垃圾场进行清理，提高区域环境质量；对相对平坦的废石堆，通过填放肥土、铺设滴灌水管等方式栽种树木，逐步恢复区域内自然生态系统的水源涵养等功能；在带土斜坡区域种植草皮、灌木等，充分发挥植被的固土护坡作用，有效解决矿区内水土流失等问题。对采煤塌陷区，综合运用分层剥离、交错回填、土壤重构、泥浆泵、煤矸石充填等土壤重构技术，建设塌陷区内的沟、路、渠、桥、涵、闸、站等水利设施，推进山、水、林、田、路和城乡居民点、工矿用地等国土空间的生态修复和综合整治。

(3)兼顾生态修复与绿色产业发展　按照"生态优先、绿色发展"的理念，结合临沧市生态修复治理成果，积极探索生态产品价值实现模式，将生态修复治理与文化旅游产业相结合，依托修复后的自然生态系统、地形地势、历史文化、矿业文化等，发掘临沧市少数民族文化，以森林温泉康养等为主题实施文旅融合发展，推动传统采矿业向现代绿色生态旅游业的转型。同时，加强配套设施建设，加宽矿区公路，在矿坑周边修建道路、游览步道，提高出入景区的便捷度。生态修复和景区建设中，充分利用当地传统文化和少数民族文化，依托不同矿坑的独特形态和山体起伏，打造文化旅游精品，充分展现生态文化景区的魅力。

8.3.4　机制创新

(1)坚持规划先行　按照"多规合一"的要求，统筹考虑临沧市内矿产、土地、水等资源管理和接续产业发展、乡村振兴等，在全面调查临沧矿区现状和现有各类自然资源的基础上，按照"功能分区、因地制宜、系统治理"的原则，编制《临沧市矿区综合治理规划》，以云县、镇康县、永德县等矿山修复问题较为突出的县为核心，统筹实施山水林田湖草综合治理、生态修复和开发利用。

(2)编制县级实施方案　按照《云南省县级历史遗留矿山修复实施方案编制指南》有关要求，组织编制了全市 8 县(区)《县级历史遗留矿山生态修复实施方案》,明确了各县(区)矿山生态修复的目标任务、技术方案、保障措施等。同时,科学谋划矿区生态修复和后续产业发展,按照"宜农则农、宜水则水、宜游则游、宜生态则生态"的原则,围绕激活自然生态系统功能的目标,在区域内合理布局农田林地、建设用地、水面和湿地,优化生态、生产、生活空间分布,创新"基本农田整理、生态环境修复、采矿塌陷地复垦"多位一体的修复模式,促进生态、文化、社会、经济可持续发展。

8.3.5 治理成效

(1)生态伤疤变成生态景观,生态环境质量明显提升 经过对临沧市2016—2020年矿山生态修复面积的统计发现,五年间临沧市共治理修复矿山510.03公顷,其中,2017、2018、2019年治理力度较大,三年治理面积占五年治理总面积的81.7%(表8-1)。各区间之间,云县、镇康县、沧源县治理面积排名前三,占全市治理面积的70.69%,矿区生态环境治理水平有了明显提升,沧源县森林覆盖率由2016年的73.34%上升到2020年的75.42%,并获得首批"云南省美丽县城"命名,镇康县森林覆盖率由2016年的63.31%上升到2020年的72.2%,并列入2020年省级"美丽县城"推荐名单。

(2)生态产品价值逐渐显化,打通了"黑色经济"向"绿色经济"转型的路径 "十三五"期间,实施石漠化综合治理造林任务6.198万亩,加强非煤矿山整治,关闭矿山38个(煤矿3个,非煤矿35个),注销非煤矿山采矿许可证17个。全市涉及各类保护区的52个矿业权退出工作已全面完成。随着生态环境的改善,矿山周边村庄从原来大多以煤矿开采为生,转变为依靠生态旅游开展多种经营,逐步形成了旅游、文化、餐饮、绿化等产业,带动了"生态+旅游""生态+文化"等多种产业形态共同发展,实现了生态"修复"到生态"造福"的转变,做到了生态效益、经济效益与社会效益的统一。

表8-1 临沧市矿山生态修复治理成效

公顷

年份	临翔区	凤庆县	云县	永德县	镇康县	双江县	耿马县	沧源县	合计
2016	0.00	11.67	30.67	0.00	9.80	1.60	0.00	0.00	53.74
2017	0.00	2.11	103.73	0.00	2.00	3.25	0.00	0.00	111.09
2018	0.00	1.59	0.32	0.00	3.00	6.85	43.75	89.03	144.54
2019	1.79	0.00	24.60	30.85	85.13	8.00	10.73	0.00	161.10
2020	3.15	18.87	7.09	3.13	5.22	0.72	1.41	0.00	39.59
合计	4.94	34.24	166.41	33.98	105.15	20.42	55.88	89.03	510.06

8.4 "生态系统保护+特色文旅产业"社区可持续发展模式

8.4.1 问题导向

临沧市有 23 个少数民族，少数民族占户籍人口的 40% 以上。少数民族人口集中分布于山区、半山区，长期以来主要以农业为生，对自然资源依赖性强，经济社会发展滞后，贫困问题突出。为了解决当地贫困问题，临沧市政府采取多种扶贫方式，通过发展特色农业、养殖业、文化旅游业等产业，推动少数民族贫困地区经济发展，提高农民的收入水平。"生态系统保护+特色文旅产业"少数民族社区可持续发展模式，就是临沧市在实践中探索出来的有效模式。

8.4.2 发展目标

充分发挥少数民族优秀传统文化优势，在全面保护生态环境的同时，大力发展特色文旅产业，巩固拓展脱贫攻坚成果，推动少数民族社区可持续发展，实现人与自然和谐共生。

8.4.3 主要措施

(1)弘扬少数民族优秀生态文化，全面保护生态环境　少数民族几乎都有自己的"神山、神树、神林、神泉、神井"等，分布在各民族村寨后方或附近，被赋予神秘、神圣色彩，或被作为宗教崇拜对象。这些神圣自然物所在区域，成为本族禁地，不仅平时不能随意进出，连里面的鸟兽树木花草都不能随意猎杀砍伐。临沧市结合少数民族崇尚自然、敬畏自然的习俗，大力弘扬敬畏自然、生态保护、人与自然和谐共生的观念，通过完善村规民约，规范村民的生态保护行为。沧源县班奈村的村规民约中明确规定，森林资源是国家重要自然资源，严禁私自砍伐国家、集体或他人的森林，砍伐自留山的树木仅供自己修建房屋和作为燃料使用，不得有商品性开发、采伐行为。为有效地保护好生态环境，严禁在公路两旁、水源林、风景林周围 50 米内砍伐树木或开荒，违者按所砍伐树木的大小，每棵给予 50~100 元的处罚，如砍伐面积较大，情节严重者，除移交林业公安部门处理外，并责令其在所砍伐的位置上按 1：10 的比例植树造林，直至成林。

(2)全力推进"绿美乡村"建设，着力打造宜居环境　脱贫攻坚战取得全面胜利以来，临沧市认真落实省委、省政府关于开展绿美云南的决策部署，把绿美乡村建设作为巩固脱贫攻坚成果同乡村振兴有效衔接的重要载体，全力推进绿美乡村建设。全面开展垃圾、污水、厕所、绿化及不良风气"五个整治"，探索出治理农村污水、处理生活垃圾、推进农村"厕所革命"经验做法。以美丽公路为轴线，以乡村旅游示范村、鲜花盛开的村庄、沿边小康村建设为依托，全面实施农村人居环境提升工程。

（3）突出少数民族特色，不断完善社区基础设施　沧源县翁丁佤寨距今有400多年的历史，是中国最古老群居原始部落，是云南省第一批非物质文化遗产保护单位和历史文化名村，临沧市十大优美村寨之一，中国佤族历史文化和特色建筑保留最为完整的佤族群居村落。2021年2月翁丁村火灾发生以后，沧源县整合民政、农业、水利、国土、城建等部门的项目和资金，全力推进翁丁村恢复重建工作，经过两年重建，使翁丁村佤族文化、历史风俗全部复原，被烧毁的翁丁古寨又回到人们的视野中，村里的房屋、绿化、道路、防火设施等更加科学。建成了翁丁古寨绿化景观5万多平方米，使翁丁古寨的旅游服务水平、基础设施保障能力得到全面提升。

（4）发展特色文化旅游产业，促进社区可持续发展　翁丁村重建以来，坚持保护与开发并重的原则，在保护原有传统村落的基础上不断开发新的自然、文化景观，完善旅游服务基础设施，使少数民族社区自然风景和建筑群、图腾、民间文物等特色资源得到有效保护和开发，推动特色文化旅游产业快速发展、带动群众增收致富。在恢复的大寨茅草房，深入挖掘佤族传统民风民俗，打造"原生态佤族部落"。引导景区农户盘活闲置房屋资产和剩余土地，通过开办农家客栈、农家特色小店等方式，变"死资源"为"活资产"，将鸡肉烂饭、佤族水酒、传统佤族织锦等佤族特色产品推向市场。同时，还因地制宜、多措并举，改善水稻、茶叶、魔芋、油菜、核桃、砂仁、佛手等种植方式，发展传统特色产业，提升林下产业发展水平，开发特色生态旅游产品。

8.4.4　机制创新

（1）理顺保护与开发的关系，着实解决好生态旅游和群众日益提升的生产生活需求与居住条件矛盾的问题　着眼于提升翁丁村城乡人居环境和可持续发展，重点解决翁丁原始部落古建筑的生态保护及人口密度大，发展空间不足等问题，通过整合新家园建设、佤山幸福工程、农村危旧房改造等项目，在保留原寨子面貌的基础上，扎实推进翁丁新村、东航示范村等项目建设，顺利推进翁丁新村建设以及群众搬迁工作，妥善解决保护景区原始生态环境与改善村民居住环境、提升村民生活质量等民生问题之间存在的矛盾。

(2)理顺佤族传统文化的保护传承与发展的关系,着力解决好生态文化旅游和强化景区功能配套的矛盾问题 充分发挥特色资源优势,对老宅民房保护采取原址不变、修旧如旧、内部提升的方式,作为旅游接待和经营场所,在打好佤族风情品牌,抓出综合自然环境、人文资源、娱乐购物特色的同时,围绕旅游六大要素,进一步提升景区吃、住、行等基础设施配套功能,瞄准市场需求,推出特色旅游,高起点、高品位、高规格发展民族风情休闲度假旅游和打造佤族民宿客栈。

(3)激发内生动力,增强乡村旅游"造血"功能 翁丁村成立了乡村振兴理事会,积极探索建立"村党组织+公司+合作社+农户"的产业发展模式,组建了翁丁村旅游专业合作社、农业生产综合专业合作社、茶叶专业合作社等新型经营主体。旅游专业合作社多次召开群众会议,教育引导群众算清脱贫账、认清致富路,提高群众旅游接待的能力,让他们心热起来、行动快起来,靠辛勤劳动改变贫困落后面貌,创造美好生活。通过自我开发民族工艺品、经营土特产品、组织佤族民族民间歌舞和民俗活动表演等,不断提升旅游服务能力,努力挖掘培育乡土人才。培育了一批导游队伍、歌舞表演队伍、住宿餐饮服务队伍和旅游特色商品开发队伍。当地群众通过自给自足发展旅游产业,改善了生产生活条件、经济收入得到提高,群众主动投身旅游脱贫的内生动力得到激发,翁丁村旅游发展的"造血"功能有效增强。

8.4.5 发展成效

(1)促进了生态环境保护 少数民族对自然的崇拜和对自然物的敬畏,有效地维护着各民族生存生活的良好环境,起到了积极的生态保护作用。在这些特定区域,森林茂密、物种自然繁衍,生物多样性特征极为明显。将少数民族生态文化与生态保护修复紧密结合起来,在保留优良传统文化精华的同时,转化为当代森林生态保护的意识及行为。通过完善村规民约,对妨碍、危害生态及环境发展的行为予以规范及制裁,在客观上达到了保护生态、维持环境平衡的作用。临沧市借助于当地民族传统习俗的约束力度,充分调动广大民众的积极性,增强民族文化认同,提升民族地区优秀的传统生态文化及灾害文化的地位,建立健全生态保护体系,更好地推动民族地区山水林田湖草系统治理,实现人与自然和谐共生。

（2）提升了社区可持续发展能力 翁丁村把新村作为村民们现代生活空间，形成了兼顾吃、住、游、购、娱等多种服务功能和业态。翁丁老寨以展示佤族非遗文化和传统生活习俗为主要功能定位，作为村民们长远发展空间，实现了新村、老寨功能互补、互联。民族文化与生态保护的结合，让佤族村寨保持着原始风貌。坚持保护与开发并重的原则，在保护原有生态村落的基础上开发新的自然景观点，使翁丁景区自然风景和建筑群、佤族图腾、民间文物等特色资源得到有效保护和开发，推动翁丁旅游产业快速发展。通过发展多种特色产业，改变了少数民族社区靠天吃饭的落后面貌。

（3）拓宽了村民就业和增收渠道 通过发展特色文化旅游等新兴产业，村民不再需要外出务工，实现了家门口就业。有的人还加入迎宾、歌舞等民俗活动表演中，按月领取工资，年底还能拿分红；有的人在家门口卖一些佤族的特色手工艺品、茶叶、米粉等，每个月都有固定的收入，就连家中的老人参与景区里的旅游集体活动也有收入。

8.5 综合分析

综合分析以上四种模式，可以发现有两个鲜明的共同特点：

一是始终坚持山水林田湖草生命共同体理念。在大流域协同治理模式、小流域综合治理开发模式中都把流域作为一个整体，在矿山综合治理、社区可持续发展模式中都把对象区域作为一个整体，统筹考虑山水林田湖草各个要素，结合水土保持、石漠化治理、退耕还林、土地整治等项目，坚持保护优先、自然恢复为主、人工修复为辅的原则，宜耕则耕、宜林则林、宜草则草、宜建则建、宜湿则湿，因地制宜选择适宜本地的生态修复技术和模式，既体现了自然生态学的基本原理，也体现了系统论的思想和方法。

二是始终坚持绿水青山就是金山银山理念。在推进生态保护修复的同时，始终把促进区域经济发展作为重要目标，正确处理高质量发展和高水平保护的关系，把资源环境承载力作为发展的前提和基础，在保护生态环境的同时不断塑造发展的新动能新优势，大力发展特色农业、经济林果、文化旅游等绿色产业，追求资源环境与经济社会的协同发展。这些做法既与联合国可持续发展目标中以综合方式解决社会、经济、环境发展问题，走可持续发展道路的总体要求高度一致，也符合建设人与自然和谐共生的中国式现代化的本质要求。

　　以上四种模式是项目组在开展实地调研并广泛收集相关资料的基础上归纳总结的，尽管不可能全面，但也充分展现了临沧市全面贯彻习近平生态文明思想的创新举措、扎实推进创新示范区建设的生动实践，是临沧市各地开展山水林田湖草系统治理的经验总结，值得在今后的生态保护修复中坚持和推广，并在实践中不断发展完善。

第9章

全面推进山水林田湖草系统治理的总体思路

山水林田湖草系统治理是一项复杂的系统工程，不仅需要治理理念、治理模式和技术体系的创新，还需要体制机制和政策体系的创新，必须从建设人与自然和谐共生现代化的战略高度出发，立足于筑牢滇西南生态安全屏障、打造生态文明建设排头兵先行示范区、建设国家可持续发展议程创新示范区，系统谋划、整体推进，不断健全体制机制、完善各项政策，为山水林田湖草系统治理提供有力支撑保障。

9.1 总体要求

9.1.1 指导思想

全面推进山水林田湖草系统治理，要以习近平生态文明思想为指导，全面贯彻落实党的二十大精神，牢固树立和践行绿水青山就是金山银山理念和山水林田湖草生命共同体理念，正确处理高质量发展和高水平保护、重点攻坚和协同治理、自然恢复和人工修复等重大关系，以"多规合一"的国土空间规划为统领，以各级各类生态保护修复工程为依托，以科技创新为支撑，以政策制度创新为保障，着力提升生态系统多样性、稳定性和可持续性，不断增强生态系统服务功能和优质生态产品供给能力，为筑牢滇西南生态安全屏障、打造生态文明建设排头兵先行示范区、建设国家可持续发展议程创新示范区、实现人与自然和谐共生的现代化奠定坚实基础。

9.1.2 基本原则

（1）坚持统筹布局、系统治理　更加注重生态系统的多样性、稳定性和持续性，统筹考虑上游下游、山上山下、陆地水域等区位关系，将森林、草原、农田、湿地、野生动植物资源等各类要素作为一个整体，实行整体保护、综合治理、系统修复。

（2）坚持科学治理、精准施策　突出问题导向、目标导向，在国土空间用途管制、划定生态保护红线的基础上，科学配置保护和修复、自然和人工、生物和工程等治理措施，遵循宜封则封、宜造则造，宜保则保、宜用则用，宜乔则乔、宜灌则灌、宜草则草、宜田则田的总体要求，因地制宜、精准施策。

（3）坚持分工协作、合力推进　打破县区行政区划和行业管理界限，消除条块分割障碍，统筹区域资源和力量，建立多部门、多层次、跨区域协调机制，强化各部门之间、各县区之间的协同协作和信息共享，坚持目标统一、任务衔接、纵向贯通、横向融合，促进资源整合和要素集聚。

（4）坚持政府主导、多元共治　发挥政府在规划、建设、管理、监督、保护和投入等方面的主导作用，完善激励社会资本投入的政策措施，鼓励民营企业、社会组织和公众参与生态治理，健全生态保护补偿机制，创新多主体参与、多元化投入的治理模式。

（5）坚持生态优先、绿色发展　深入践行绿水青山就是金山银山理念，在尊重自然、顺应自然、保护自然和严守生态保护红线、环境质量底线、资源利用上线的前提下，大力发展绿色低碳产业，促进资源环境与经济社会协调发展。

9.2　目标与布局

9.2.1　目标设定

（1）2021—2025 年为"补短板、强基础"阶段　主要目标：历史遗留矿山生态修复任务全面完成，森林覆盖率保持在 70% 以上，森林蓄积量达到 1.2 亿立方米；草原综合植被盖度达到 80%，湿地保护率达到 52%；自然保护地整合优化全面完成，以国家公园为主体、自然保护区为基础、各类自然公园为补充的自然保护地体系初步建立，国家重点保护野生动植物保护率达到 90% 以上；河道采砂整治、水污染治理等重点工作取得显著成效，地表水考核断面水质Ⅲ类水体比例达到 100%，彻底消灭地表水劣Ⅴ类水体；"三线一单"全面实施，生态环境状况指数稳定向好。

（2）2026—2035 年为"提质量、强功能"阶段　发展目标：森林覆盖率持续稳定在 70% 以上，森林质量进一步提升，森林的单位面积蓄积量、碳密度等指标达到或超过云南省平均水平；全面建成具有临沧特色的自然保护地体系，自然保护地占全市国土面积 18% 以上，国家重点保护野生动植物保护率达到 95% 以上；流域源头、水源地、坡耕地等重点区域水土流失问题得到有效控制，水环境质量全面改善；"三线一单"全面落实，国土空间开发格局得到优化，生态风险得到全面管控，生态安全屏障更加牢固；生态产品供给能力大幅度提升，资源环境与经济社会发展实现良性循环。

9.2.2　宏观布局

推进山水林田湖草系统治理，要深入贯彻《临沧市可持续发展规划(2018—2030 年)》《临沧市国民经济和社会发展第十四个五年规划和二〇三五年远景目标纲要》《临沧市生态文明建设示范市规划(2021—2035 年)》，以及临沧市委市政府《关于建立以国家公园为主体的自然保护地体系的实施意见》《临沧市"三线一单"生态环境分区管控实施方案》等确立的战略布局，全面落实《临沧市"十四五"生态环境保护规划》《临沧市自然资源"十四五"发展规划》《临沧市"十四五"林业和草原保护发展规划》，以及《临沧市林草产业高质量发展行动方案(2023—2025 年)》《临沧市城乡绿化美化三年行动(2022—2024 年)》等确立的目标任务，同时应结合生态风险评价、生态源地识别、生态廊道提取及生态网络构建等研究成果，不断优化布局，突出重点、整体推进。

基于上述规划、方案、意见的部署安排，按照"一张蓝图绘到底"的要求，提出临沧市山水林田湖草系统治理的总体布局：以筑牢滇西南生态安全屏障为主线，以澜沧江、怒江两大流域为基本板块，以各类自然保护地为支点，以生态保护红线和生态网络为联结，形成覆盖临沧市全域的"一屏、两域、多点、联网"的生态安全格局。

一屏——滇西南生态安全屏障。临沧市地处北回归线和太平洋与印度洋两大水系地理分水线的十字路口，"两洋在此分水，太阳在这转身"。独特的地理区位、多样的生态系统和丰富的生物物种，决定了临沧作为滇西南生物多样性重点保护区域和我国西南重要生态安全屏障的特殊地位。筑牢滇西南生态安全屏障，是推进山水林田湖草系统治理的根本目标。

两域——澜沧江、怒江两大流域。地处澜沧江与怒江之间，境内有大小河流 1000 多条，分属怒江、澜沧江两大水系，多年平均水资源总量为 232.27 亿立方米，其中罗闸河、小黑江、南汀河、南捧河、永康河、勐勐河、南滚河等 7 条河流的集水面积大于 1000 平方千米。以澜沧江、怒江两大流域为基本板块，以小流域治理为抓手，逐级推向大流域治理，是推进山水林田湖草系统治理的重要途径。

多点——各类自然保护地。临沧市现有自然保护地 17 个，包括 5 个自然保护区、5 个风景名胜区、3 个森林公园、3 个水产种质资源保护区和 1 个水利风景区，总面积占全市国土面积的比例达到 12.76%。这些自然保护地基本涵盖了临沧市域内重要自然生态系统、重点保护野生动物栖息地、自然遗迹和自然景观等，形成了临沧市生态系统保护的高地和支点。通过自然保护地整合和优化，完善管理、保护和监督制度，构建以国家公园为主体、自然保护区为基础、各类自然公园为补充的自然保护地体系，是推进山水林田湖草系统治理的重要内容。

联网——生态红线和生态网络。按照《临沧市"三线一单"生态环境分区管控实施方案》，全市共划分为 70 个生态环境管控单元，其中优先保护单元 24 个，包含生态保护红线和一般生态空间，生态保护红线面积占全市国土面积的比例达到 25.16%。在本书的第 3 章中，构建了由生态源地、生态廊道和生态节点构成的临沧市潜在生态网络。其中，生态源地共计 29 个，总面积 1993.5 平方千米；贯通 29 个生态源地的生态廊道共 31 条，全长 202.4 千米；连接生态源地和生态廊道的生态节点共 12 个。这一生态网络与划定的生态红线具有高度契合性。以生态红线和生态网络为基础，构建相互联通的生态安全网络体系，是推进山水林田湖草系统治理的重要任务。

9.3　推进路径

9.3.1　牢固树立山水林田湖草生命共同体理念

推进山水林田湖草系统治理，必须深入学习贯彻习近平生态文明思想，牢固树立山水林田湖草生命共同体理念。将山水林田湖草沙看作一个完整的系统进行综合治理，是一个全新治理理念，需要有全面系统的整体思维、适应动态变化的灵活思维、体现区域特征的差异性思维。必须以生态学理论为支撑，正确把握系统整体和系统各要素之间的相互关系，更加重视个体、群落、环境之间的内在联系，从针对单一生态系统、单一要素的治理，转向统筹多个生态系统、全部要素的综合治理，追求多系统、多要素间的高度协同（王登举，刘世荣等，2022）。

9.3.2　健全多部门多层次跨区域的协同机制

推进山水林田湖草系统治理，必须坚持系统论的思想方法。第一，要建立多部门、多层次、跨区域协同推进的工作机制，坚持区域联动、部门协同，打破行政区划界限，消除行业管理障碍，改变"条块分割""九龙治水"的传统管理模式，解决生态治理的碎片化问题。第二，要统筹各类规划、资金、项目，切实改变各类生态治理工程相互独立、相互掣肘的现状，变"各炒各的菜、各吃各的饭"为"各炒拿手菜、共摆一桌席"。第三，要强化各部门之间、各地区之间的协同和信息共享，做到目标统一、任务衔接、纵向贯通、横向融合，形成全市一盘棋的大统筹、大协同的全新格局。第四，要加大协同机制的监督和落实力度，切实解决实践中存在的"整而不合"的新问题。第五，要加强与流域上下游、周边地区的协调配合，建立跨州(市)的河湖保护管理联动机制，共同推动跨州(市)河湖生态保护(王鹏，何友均等，2022)。

9.3.3　坚持以"多规合一"的生态保护修复规划为统领

推进山水林田湖草系统治理，必须从规划这个源头抓起，充分发挥规划的引领作用，坚持一张蓝图绘到底，接续推进、久久为功。第一，要强化"多规合一"的生态保护修复规划体系。加快编制《临沧市国土空间生态保护修复规划》，统筹山水林田湖草各要素，系统部署覆盖全市国土空间的生态保护和修复，以此为统领，确立不同部门、不同区域的生态保护修复任务。要突出规划的综合性和系统性，将小流域治理、矿山生态修复、天然林保护、退耕还林还草、湿地保护、石漠化治理等措施有机融入"一屏、两域、多点、联网"总体布局，实现从单项治理工程向综合性工程的转变。第二，要坚持以流域为单元规划布局生态保护修复工作。流域是重要的自然地理单元，流域内的水文、植被、土壤等各个自然要素具有"牵一发动全身"的特点。如果只关注下游生态治理，不重视上游的源头治理，就会产生"多米诺骨牌"效应，使治理成果功亏一篑。临沧是典型的山区，河流水系分布密集，"水"是自然生态系统中能量流、物质流的主要载体，只有把流域作为一个整体，坚持上溯下延、系统治理、综合治理，才能取得事半功倍的效果。因此，要依据流域层级关系逐级规划、全面覆盖，从小流域治理走向大流域治理。既要考虑上游区域是否得到有效治理，同时还要考虑工程建设对下游的影响，增强上游下游、干流支流、坡上坡下治理的协同性，最大限度地保持生态系统的完整性和自然地理单元的连续性。第三，要突出生态保护修复规划的科学性。要坚持保护优先、自然恢复为主的方针，宜封则封、宜造则造，着力提升生态系统的自我修复能力，防止简单化修复和过度治理。充分考虑不同区域的差异性，宜乔则乔、宜灌则灌、宜草则草、宜田则田，因地制宜、科学规划，防止照搬照抄。要严格落实工程实施规划科学论证制度，完善规划编制和论证的责任体系，坚决杜绝规划编制中的主观主义、经验主义和走形式、走过场的现象(刘世荣，2020)。

9.3.4　全面实施山水林田湖草系统治理工程

"工程带动"是中国生态治理的一条成功经验。改革开放以来，我国先后启动实施了一系列生态建设工程，开启了以重点工程引领生态保护与建设的新阶段(张志涛，赵荣，2021)。党的十八大以来，我国生态保护修复进入新阶段，编制完成了《全国国土空间规划纲要》《全国重要生态系统保护和修复重大工程总体规划(2021—2035 年)》等重要规划，启动实施了 50 多个山水林田湖草沙一体化保护和修复工程，推动我国生态保护修复实现历史性转变，取得历史性成就。临沧市未来的生态保护修复工作，要充分发挥各级各类工程的骨干作用，以工程为牵引全面推进山水林田湖草一体化保护和系统修复。一方面，要积极组织申报国家山水林田湖草沙一体化保护和修复工程、国土绿化试点示范工程、水土保持重点工程、历史遗留废弃矿山生态修复示范工程，以及云南省有关生态保护修复工程项目，力争将临沧市的生态保护修复纳入国家级和省级工程规划体系。另一方面，要实施市级山水林田湖草一体化保护和修复工程，在整合原有各类生态保护修复工程项目资金的基础上，根据全市财力情况逐步扩大工程规模，最终形成国家、省、市互为补充的覆盖全市国土空间的生态保护修复工程体系。

9.4　重点任务

9.4.1　加快矿山生态修复，推进国土山川绿化

按照《云南省自然资源厅关于加快推进历史遗留矿山生态修复工作的通知》要求，全面落实《临沧市矿区综合治理规划》和《县级历史遗留矿山生态修复实施方案》，加快推进历史遗留矿山生态修复，确保到 2025 年实现历史遗留矿山生态修复率 100% 的目标，让"废弃矿山"重现"绿水青山"。

推进国土山川绿化行动，加大重点功能区、生态脆弱区和退化区生态系统修复力度，坚持封山育林、人工造林种草并举，宜林则林、宜草则草，科学推进高寒山区等困难立地区域植被恢复，积极开展荒山荒坡造林种草和石漠化防治，持续改善生态系统和自然环境。

9.4.2　全面开展流域治理，着力提升河流水质

坚持将流域作为生态治理的基本单元。立足澜沧江、怒江两大流域及其

主要支流具体实际，从小流域治理入手逐级向上推进，最终实现全流域生态环境保护修复。

实施重点水域生态保护修复工程，开展镇康县水生态保护修复、南汀河流域水生态保护治理修复、罗闸河流域水生态保护治理修复、勐董河水生态保护治理修复、德党河水生态保护治理修复、勐勐河主城区段河道水生态综合治理、耿马县水生态保护修复等，依托重点防护林建设工程，建设以澜沧江、怒江流域为重点的防护林体系，加强重点水源涵养区水源涵养林建设。

实施重点河段水质提升工程，开展罗闸河黑箐国控断面凤庆县和云县段水污染防治、南汀河孟定大桥国控断面临翔区段水污染防治、耿马县怒江——南汀河国控断面水污染防治、凤庆县小湾库区水污染防治、澜沧江流域环境保护云县漫湾段"两污"治理，重拳规范河道挖沙行为，切实解决云南省环保督察反馈的采砂点分布密度过大的问题，确保流域国控断面优良水体比例达100%，支流重污染水体彻底消劣。

9.4.3 精准提升森林质量，增强碳汇供给能力

加强森林资源保护和培育，着力提升森林生态系统质量和效益，促进森林碳汇能力提升，力争到2035年全市森林的单位面积蓄积量、碳密度等指标达到或超过云南省平均水平。

全面保护和修复天然林资源，落实天然林保护制度，严格执行全面停止天然林商业性采伐规定，依据生态保护红线以及生态区重要性、自然恢复能力、生态脆弱性、物种珍稀性等指标，科学合理确定天然林保护重点区域，加强自然封育和天然林幼林抚育，持续增加天然林资源总量。稳步推进退化林修复，采取小面积块状皆伐更新、带状更新、林（冠）下造林、补植更新等方式对退化防护林进行修复，采取抚育间伐、补植补造、更替改造等措施对低质低产低效林进行改造。

实施森林质量精准提升工程，按照近自然、多功能、多目标的现代林业理论体系和技术方法，推行森林经营规划和森林经营方案制度，坚持和完善分类经营制度，积极申报森林可持续经营试点，科学、规范开展森林可持续经营。

推进国家战略储备林建设，充分利用国家开发性、政策性和商业性贷款，积极拓宽投融资渠道，探索国家储备林建设投融资、信用担保等机制，推广政府和社会资本合作模式，加快推进国家储备林建设。加强国储林科学经营，推广先进实用技术和目标树培育模式，集约培育乡土树种、速丰林、大径级

用材林和珍贵树种用材林，培育多功能的混交林和复层异龄林，为保障国家木材供给安全发挥更大作用。

9.4.4　优化基本农田布局，开展农田综合整治

开展永久基本农田划定核实整改，全面梳理永久基本农田划定不实、非法占用等问题，按要求对划定不实和非法占用的永久基本农田分类处置并进行补划，结合国土空间规划编制，进一步优化永久基本农田布局，确保补划的永久基本农田数量不减少、质量不降低、布局更优化。

继续实施陡坡地生态治理工程，严格执行《水土保持法》相关规定，禁止在25°以上陡坡地开垦种植农作物。大力推进"坡改梯"工程，采取种植结构调整、退耕还林还草、轮作休耕、轮作间作等措施，控制水土流失。

稳步推进退耕还林还草工程，在国家批准的规模和范围内，优先对生态脆弱区、生态退化区符合退耕政策要求的耕地实施退耕还林还草，进一步完善退耕还林还草后续政策，切实巩固退耕还林还草成果。

加强耕地污染源头控制，在永久基本农田集中区域不得规划新建可能造成土壤污染的建设项目。加强面源污染防治，持续开展禁限用农药专项整治、春耕备耕期间农药专项检查、农资打假专项治理、农产品质量安全专项整治、农药专项治理等行动，推进绿色转型，降低化肥农药使用量。推广应用低毒低残留农药，全面推广精准施肥，推进有机肥替代化肥，合理调整施肥结构，推进新肥料新技术应用。完善废旧农膜、农药包装废弃物等回收处理制度，健全农膜生产、销售、使用、回收、再利用全链条管理体系，深入实施农膜回收行动。

9.4.5　加强湿地保护修复，强化水域岸线保护

落实湿地保护修复制度，以国土"三调"成果为基础，科学确定湿地管控目标，优化湿地保护空间布局，全面推进湿地认定工作，建立覆盖面广、连通性强、分级管理的湿地保护地体系，确保湿地总量稳定。

实施湿地保护修复工程，对集中连片、破碎严重、功能退化的湿地进行系统修复和综合整治，优先修复生态功能严重退化湿地，推进退耕还湿、退塘还湿，恢复湿地生态系统功能，维持湿地生态系统健康，增强涵养水源、净化水质、调蓄洪水等生态功能，保护湿地物种资源。在条件适宜地区规划建设湿地公园，打造澜沧江、南汀河、迎春河、罗闸河、德党河、勐勐河、勐董河、耿马河、南伞河等生态湿地廊道，加快小微湿地建设。

实施水域岸线保护工程，加强河湖生态保护修复，合理确定河湖生态缓

冲带范围及管控要求，开展河湖生态空间侵占清理，推进河湖生态缓冲带、生态调蓄带、生态护岸及沟渠、河道整治，对不符合水源涵养、水域、河湖缓冲带等保护要求的人类活动进行整治，强化岸线用途管制。

9.4.6 全面保护天然草原，加快退化草原修复

严格保护重要生态区位天然草原，严禁擅自改变草原用途和性质，严禁各类不符合草原保护功能定位的开发利用活动。把维护生态安全、保障畜牧业健康发展最基础最重要的草原划定为基本草原，实行严格保护管理，确保基本草原面积不减少、质量不下降、用途不改变。

实施重点区域退化草原生态修复工程，坚持以自然恢复为主，因地制宜，综合施策，根据草原退化实际情况，采取封育管理、人工种草、草地改良等多种措施，科学推进退化草原生态修复，着力提高天然草原综合植被盖度。

完善草原禁牧政策，科学划定禁牧区，对退化严重草原、生态脆弱区草原及禁止生产经营活动的草原实行禁牧封育。强化草畜平衡管理，针对禁牧区以外的草原，依据牧草生产能力和生态承载力核定载畜量，引导鼓励科学放牧，实施季节性休牧和划区轮牧，严格控制草原载畜量，防止草地资源过度利用，减轻草原放牧压力，提升草原生态系统的质量和稳定性。

9.4.7 完善自然保护地体系，加强生物多样性保护

全面落实临沧市《关于建立以国家公园为主体的自然保护地体系的指导意见》，以国土空间规划为基础，编制自然保护地发展规划，优化自然保护地布局，科学推进自然保护地整合优化，合理确定自然保护地类型和功能定位，逐步形成以2个国家级自然保护区、2个省级自然保护区为基础，各类保护区、自然公园为补充的自然保护地体系，争取将云南南滚河国家级自然保护区纳入亚洲象国家公园体系建设。

健全保护体制，创新管理机制，分类解决历史遗留问题和现实矛盾冲突，依法整治清理自然保护区内的探矿、采矿、水电开发等项目，稳步推进核心区内居民、耕地逐步退出，逐步对受损严重的自然生态系统和栖息地开展科学修复。

完善自然保护地基础设施建设，增加管护巡护设施设备，加快推进总体规划修编及勘界立标工作，开展重点物种及其栖息地调查，掌握物种种群数量动态和栖息地生境质量状况，实施重点物种抢救性保护，加强栖息地巡护管理，开展生境恢复，建设生态廊道。加强自然保护地科研基础设施、监测站网、科研监测能力建设，积极构建自然保护地科研合作平台，促进成熟科

研成果转化落实。

实施亚洲象、西黑冠长臂猿、绿孔雀等重点野生动物保护及其栖息地保护修复工程，开展极小种群野生植物拯救保护行动，建设珍稀、濒危、特有植物种质资源保护基地和专类园，开展极小种群野生植物人工培育。

加强重点野生动植物种群及其栖息地感知系统工程建设，动态监测旗舰野生动物和极小种群野生植物资源。在澜沧江干流等具备条件的区域开展生物多样性恢复行动，加强水产种质资源保护和增殖放流，恢复水生生物种群资源。实施生态风险防范工程，加强有害生物防控，严防外来有害生物入侵，筑牢边境地区生态安全防线。

9.4.8　大力发展绿色经济，促进"两山"有效转化

深入践行绿水青山就是金山银山理念，主动融入"双循环"发展格局，不断壮大特色经济林、林下经济、木竹加工、生态旅游与森林康养、观赏苗木等特色产业，加强品牌建设，建立统一的绿色产品标准、认证、标识体系，把绿色资源优势转化为经济发展优势，促进农民增收致富，助力乡村振兴。

做优做强特色经济林产业，以建设国际一流的临沧坚果和临沧核桃"绿色食品"原料基地、全产业链加工生产基地、坚果交易中心为目标，加快凤庆核桃加工产业园、永德临沧坚果加工产业园、云县产业园区开发建设，加大新产品研发力度，补齐产业链初加工、精深加工短板，提高附加值。积极发展红花油茶、诃子等产业，大力推广现代经济林种植管理技术，加快升级改造和提质增效。大力培育龙头企业，引导二、三产业协同发展，增强市场竞争优势。

大力发展林下经济，合理确定产业类别、规模以及林地资源利用强度，规范林下经济发展，增加生态资源和林地产出。发展滇鸡血藤、滇龙胆草、云茯苓、滇黄精、有机三七、大黄藤等中药材产业，有序推进林下草果、魔芋等食材种植以及羊肚菌等食用菌的仿野生种植，适度发展蜜蜂、家禽等生态养殖。

推动木竹加工产业高质量发展。以国家储备林为重点，加快大径级、珍贵树种用材林培育步伐。推进用材林中幼林抚育和低质低效林改造，支持林业重点龙头企业或有经营能力的其他社会投资主体参与原料林基地建设。优化木材加工业产业布局，积极推动木材深加工发展，开发绿色人造板和高档家具等产品，加强技术创新、新技术引进和技术升级改造，促进产品升级换代和木材高效利用，推进木材加工产业现代化、集团化发展。依托丰富的竹

资源，大力发展以巨龙竹为主题的生态公园，以竹笋加工为主的生态食品，以竹编、竹雕刻为主的工艺品，以板材为主的精深加工和竹炭、竹醋液等清洁环保产品，延伸产业链条，增加产品附加值。

依托自然公园、国有林场、自然草原等优势资源，大力发展生态旅游、森林康养产业，积极培育新业态新产品，开展森林城镇、森林人家、森林村庄建设，科学利用良好的生态环境、优质的景观资源、丰富的食品药材资源，打造保健养生、健康养老等生态产品，树立临沧生态旅游品牌和健康生活目的地名片。

9.5 保障措施

9.5.1 加强党的全面领导，落实各级党委政府的主体责任

中国特色社会主义最本质的特征是中国共产党领导。历史经验证明，加强党的全面领导，充分发挥中国特色社会主义制度优势，集中力量办大事，是全面推进山水林田湖草系统治理的根本保证。各级党委和政府要强化主体责任意识，把山水林田湖草系统治理作为贯彻落实习近平生态文明思想、筑牢滇西南生态安全屏障、打造生态文明建设排头兵先行示范区、建设国家可持续发展议程创新示范区、实现人与自然和谐共生的现代化的重要任务，摆到更加突出的位置，严格实行党政同责、一岗双责。以落实"六长制"为抓手，完善和落实山水林田湖草系统治理的责任体系，一级抓一级，层层落实、系统推进。各相关部门要强化责任、密切配合，结合部门行业规划细化目标、任务和措施，按照职能分工组织落实。加强对山水林田湖草系统治理的动态考评，并将考评结果作为领导班子和领导干部考核的重要内容。

9.5.2 加大资金投入力度，改革资金投入方式

我国生态保护修复快速推进，但生态系统总体上质量不高、功能不强的问题依然突出，究其原因，除多年来生态欠账多、治理任务重、难度大外，投入偏低、标准不高、只重视前期建设投入而忽视后期维护管理投入等现实问题，也是不可否认的重要原因。当前，我国生态治理已经从追求量的扩张转向全面提质增效的新阶段，低投入、低水平的工程建设模式已经不能适应新时代新征程山水林田湖草沙系统治理的要求，迫切需要加大投入力度，改革资金投入方式。

(1)加大财政投入力度 严格落实《自然资源领域中央与地方财政事权和

支出责任划分改革方案》，把生态保护修复重大工程作为各级财政的重点支持领域，建立稳定持续的生态保护修复财政投入机制，力求实现生态保护修复投入与经济增长同步增加。

(2)加强各类资金统筹 认真落实财政部、自然资源部、生态环境部《关于推进山水林田湖生态保护修复工作的通知》，整合环境污染治理、农村环境保护、矿山地质环境治理、土地复垦、水污染防治、生态修复等各类资金，统筹开展山水林田湖草系统治理，从根本上改变"打酱油的钱不能买醋"的现象，使财政资金发挥更大的效用。

(3)推行工程成本核算制度 严格按照工程管理方式，实事求是进行生态保护修复工程成本核算，以投入量决定任务量，从根本上解决"任务大而全、资金少而散"的问题。改变一直以来实行的基于固定补助标准的"定额补助"方式，实行基于治理成本的"定率补助"方式，对于农村集体和个人、私营部门参与的造林及森林抚育等生态保护修复项目，要按照实际成本给予一定比例的财政资金补助。要建立投资标准与物价变化联动的动态调整机制，使项目成本管理逐步走向规范化、制度化的轨道。要充分考虑生态保护修复工程的艰巨性和长期性，既要满足工程建设投入，也要考虑后期管理、维护和更新成本。

(4)吸引社会资本投入 深入落实国务院办公厅《关于鼓励和支持社会资本参与生态保护修复的意见》，大力推广 PPP 模式，吸引社会资本投入山水林田湖草生态保护修复。坚持"谁修复、谁受益"的原则，通过赋予一定期限的自然资源资产使用权等产权安排和特许经营方式，建立生态保护修复与经营开发的利益联结机制。对集中连片开展生态修复达到一定规模的经营主体，允许在符合土地管理法律法规和国土空间规划、依法办理建设用地审批手续、坚持节约集约用地的前提下，利用1%~3%的治理面积从事相关产业开发，对符合条件的可按规定享受环境保护、节能节水等相应税收优惠政策。

9.5.3 切实强化科技支撑，完善山水林田湖草监测体系

统筹山水林田湖草沙系统治理是一项科学性很强的系统工程。经过多年的不懈努力，临沧市的生态保护修复取得了显著成效，"绿起来"的目标已经基本实现，但是生态系统总体上质量不高、功能不强的问题依然突出。今后要从追求量的扩张阶段转向提质增效和啃硬骨头的新阶段，因此，既不能简单地理解为挖坑栽树，也不能认为有绿就是成功，更不能沿用 20 世纪 80 年代消灭荒山荒地的传统做法来实施山水林田湖草系统治理工程，要将着力点

放在提升生态系统质量和功能上，切实强化科技支撑，坚持以质为先、质量并重，高起点、高标准、高质量推进山水林田湖草系统治理。

(1)加强山水林田湖草系统治理科技创新 整合全市农业、林草、水务、自然资源等各级各类科研力量，加强与国家级、省级科研单位的合作，以生态保护修复一线需求为导向，聚焦急需解决的关键技术难题，凝练关键技术背后的科学问题，找准主攻方向，开展协同攻关，破解山水林田湖草沙系统治理技术瓶颈，加快成果集成与推广应用，为高质量推进山水林田湖草系统治理提供强有力的科技支撑。

(2)培育专业化工程实施队伍 推行以专业化队伍为主的工程实施模式，切实加强一线人员培训，培育一批高水平、高素质的生态保护修复专业化队伍，把专业化技术、现代化装备、信息化管理手段广泛应用于山水林田湖草系统治理，对生态保护修复工程实行全过程标准化管理，严格按标准设计、实施、验收，确保生态保护修复工程经得起历史考验。

(3)强化针对基层一线的科技服务 充分发挥现代新媒体的作用，建设综合性的生态保护修复科技服务专业网站、微信公众号、微视频等平台，打造便捷、管用的掌上科技服务系统。建立生态保护修复工程科技咨询服务制度，充分挖掘市内外科研院所、规划设计单位、高等院校等专业机构的潜力，为每一个工程项目配备相对固定的、高水平的科技咨询服务专家团队，全方位参与生态保护修复工程的问题诊断、方案设计，并在实施过程中为基层排忧解难，有效解决基层科技人员不足的问题，形成科技支撑山水林田湖草沙系统治理的长效机制。

(4)建立"天空地"一体化的山水林田湖草监测体系 整合现有各行业、各类别各层次的观测站点资源，积极组织申报国家级、省级生态定位站点、固定观测样地等，加强各类监测体系的有效衔接，加快布局和建设覆盖全市各类生态系统、重点流域、自然保护地、野生动物栖息地的综合性地面监测体系。推动新一代信息技术与生态治理融合发展，运用遥感技术、全球定位技术、地理信息系统技术、数据库技术和网络技术等现代化手段，构建天空地一体化监测体系和大数据平台，为编制生态治理规划、监测工程进展、评估生态治理效果提供科学依据。对生态保护修复工程实行全过程常态化监测、动态预警，根据监测预警结果及时调整工程实施方案，提升山水林田湖草沙系统治理的针对性、有效性，真正做到问题导向、精准施策。同时，要切实加强自然资源、农业农村、林草、水务、文旅等各部门数据的共建共享，不断完善自然资源、生态治理、绿色产业、特色文化、体制机制等方面的统计工作，为开展山水林田湖草系统治理综合效益评估、动态考评、制定和完善相关政策提供基础数据支撑。

9.5.4 完善绿色惠民机制，增强生态治理的内生动力

推进山水林田湖草系统治理，是提高优质生态产品供给能力、满足人民群众对良好生态环境需求的重要途径。由于生态产品具有公共产品属性和外部性特征，因此必须建立完善的生态产品价值实现机制，让生态环境的保护者得到利益，让良好生态环境的受益者支付成本，让生态环境破坏者付出代价，只有这样才能调动各方面的积极性，增强山水林田湖草系统治理的内生动力，提高山水林田湖草系统治理的可持续性。

(1)健全生态补偿机制 认真落实中共中央办公厅、国务院办公厅《关于深化生态保护补偿制度改革的意见》和临沧市人民政府办公室《关于健全生态保护补偿机制的实施意见》，加大财政生态补偿资金投入，拓展生态补偿资金来源。突出补偿重点，加大对生态保护红线区、重点生态功能区、重要水源保护区、自然保护地的补偿力度。建立差异化的补偿标准，根据山水林田湖草生态系统的生态效益外溢性、生态功能重要性、生态环境敏感性和脆弱性等特点，针对不同区域实施差异化补偿。健全公益林补偿标准动态调整机制，结合临沧市实际探索对公益林实施差异化补偿。通过设立生态护林员公益岗位等方式，对提供生态产品地区的居民实施生态补偿。积极探索多样化的横向生态补偿模式，在具有重要生态功能、重要水源地水资源供需矛盾突出、受各种污染危害或威胁严重的典型流域开展横向生态保护补偿试点，引导鼓励重大资源开发、主要城市水源地、重点自然旅游景区等受益地区与保护生态地区通过资金补偿、对口协作、产业转移、人才培训、共建园区等方式实施横向生态保护补偿。推动建立跨国跨市流域生态保护补偿的协商机制，在重点流域依据出入境断面水量和水质监测结果等开展横向生态保护补偿。

(2)完善野生动物损害补偿制度 继续实施野生动物公众责任保险，稳定保险资金投入，提升保险服务能力和群众满意度。在不断完善野生动物损害补偿制度的同时，加强野生动物损害防范。开展野猪、黑熊等动物肇事风险评估，科学调控肇事动物种群，开展主动预警防范和安全防范教育，加强应急处置能力，维护人与野生动物和谐。组建亚洲象防护队伍，实施网格化巡护监测，建设完善监测预警和应急处置体系，提升预警处置效率。实施隔离防范工程，形成象群与人居空间的物理隔离。

（3）大力发展森林碳汇事业　充分发挥临沧市丰富的森林资源优势，借鉴全国林业碳汇试点地区的成功经验，大力发展森林碳汇事业，打造临沧特色的森林碳汇管理开发交易体系，推动经济社会发展绿色转型，助力实现双碳目标。设立森林碳汇管理机构，负责研究制定森林碳汇开发管理制度，统筹全市森林碳汇工作。建立森林碳汇交易服务平台，打造资源评估、信息入库、计量监测、项目开发、交易核算、应用管理于一体的数字化平台，夯实森林碳汇管理服务的基础。组建森林碳汇研究机构，立足临沧市实际，研发坚果林、核桃林等自愿减排项目的碳汇方法学，制定临沧市特色农林产品的碳足迹、碳标签标准化方法，研究临沧市森林植被碳储量计量模型、临沧市森林碳汇提升技术体系等，为发展森林碳汇事业提供技术支撑。积极开发林业碳汇项目，支持国有林场、村集体、涉林企业等经营主体，开发符合 CCER、VCS、碳普惠等不同层次方法学要求的林业碳汇项目，加大项目储备，通过碳汇交易促进生态产品价值实现。丰富森林碳汇价值实现应用场景，以党政机关、学校、医院等重点开展"零碳机构"创建和评定，鼓励大型会议、大型活动等主办方通过认购森林碳汇或开展植树造林举办"零碳会议""零碳活动"，推动在生态环境与资源破坏案件办理中引入行为人申请认购森林碳汇方式代替修复受损生态环境的"碳汇生态损害司法"办法，鼓励各类企业、旅游景区、星级饭店以及游客个人通过自愿认购森林碳汇抵消自身碳排放，实现碳中和。积极发展碳汇金融，引导金融机构参与开发碳汇贷款、碳汇保险等系列碳金融产品，为碳汇项目开发、流通增值提供金融支撑。

（4）探索多样化生态产品价值实现途径　落实自然资源有偿使用制度，进一步完善土地、水、矿产、森林、草原等自然资源及其产品价格形成机制，建立政府公示自然资源价格体系。健全水资源使（取）用权、排污权等交易机制，构建交易管理平台，在河流上下游、重要水源地上下游等开展水权交易试点，以澜沧江流域企业为先行试点推进重点区域间和区域内部排污权交易。大力发展绿色金融，健全生态资源抵押、融资担保制度，完善绿色信贷、绿色保险、绿色债券、绿色基金等绿色金融体系，探索开展生态资源资产产权收储担保试点。

9.5.5　弘扬传统生态文化，提升全社会生态保护意识

深入挖掘临沧市优秀的民族民间传统生态文化，构建生态文化保护传承和弘扬体系，着力建设生态文化强市，为推进山水林田湖草系统治理奠定坚实的社会文化基础。强化重要生态文化和自然遗产、非物质文化遗产系统性

保护，有序推进滚乃傣族传统文化生态保护区、大南直布朗族传统文化生态保护区、南美南愣田拉祜族传统文化生态保护区等 5 个省级文化生态保护区建设，继续办好国际澳洲坚果节。

保护和利用好各种生态文化资源和载体，加强生态文化基础设施建设，广泛开展生态文明教育，宣传生态环境保护法律法规，培养善待生命、善待自然的伦理观，树立环境是资源、环境是资本、环境是资产的价值观，确立保护和改善环境就是保护和发展生产力的发展观，逐步形成崇尚自然、保护环境的行为规范，提升全市人民人与自然和谐共生的生态意识。

深入开展全民义务植树活动，落实部门绿化责任制，积极推广造林绿化、抚育管护、自然保护、认种认养、设施修建、捐资捐物等多元化的尽责形式，深入推进"互联网+全民义务植树"新模式，形成全民参与大绿化的新格局。

9.5.6　加强国际合作交流，实行高水平对外开放

主动融入和服务"面向南亚东南亚辐射中心"建设，推动共建绿色"一带一路"。坚持"引进来""走出去"相结合，主动与缅甸开展生态治理合作，建立健全跨境生态保护协作机制，打造滇西南对外开放绿色走廊。加强中缅林草有害生物防治和野生动植物疫源疫病防控合作，建立林业有害生物信息沟通交流机制，降低有害生物入侵、野生动植物重大疫情传播和疫病暴发的风险。加大边境防火基础设施建设力度，完善边境林火联防联控机制，提升林火防控能力。以实施《澜沧江-湄公河合作五年行动计划（2023—2027）》为契机，积极参与澜湄流域生态系统保护和修复、生物多样性保护等领域的合作，推动落实《生物多样性公约》和《昆明宣言》，助力构建地球命运共同体。

参考文献

巢清尘, 张永香, 高翔, 等, 2016. 巴黎协定——全球气候治理的新起点[J]. 气候变化研究进展, 12(1)：61-67

陈辉, 刘劲松, 曹宇, 等, 2006. 生态风险评价研究进展[J]. 生态学报, 26(5)：1558-1566.

陈洁, 叶兵, 何璆, 等, 2022. 国外山水林田湖草生态综合治理实践与启示——以苏格兰斯佩河集水区管理为例[J]. 世界林业研究, 35(1)：113-117

陈洁, 叶兵, 何璆, 2023. 国外生态系统综合治理实践经验与发展趋势[J]. 林草政策研究, 3(2)：93-98.

陈晶, 余振国, 孙晓玲, 等, 2020. 基于山水林田湖草统筹视角的矿山生态损害及生态修复指标研究[J]. 环境保护, 48(12)：58-63.

陈绍志, 何友均, 陈嘉文, 等, 2015. 林区道路建设与投融资管理研究[M]. 北京：中国林业出版社.

陈胜兰, 丁山, 魏甫, 等, 2023. 基于生态景观连通性的浏阳市自然保护地整合优化评价[J]. 中南林业调查规划, 42(4)：21-25.

陈妍, 周妍, 包岩峰, 等, 2023. 山水林田湖草沙一体化保护和修复工程综合成效评估技术框架[J]. 生态学报, 43(21)：8894-8902.

陈妍, 周妍, 包岩峰, 等, 2023. 山水林田湖草沙一体化保护和修复工程综合成效评估技术框架研究[J]. 生态学报, 43(21)：1-9.

陈迎, 2014. 联合国2015年后发展议程：进展与展望[J]. 中国地质大学学报(社会科学版), 14(5)：15-22.

陈元鹏, 任佳, 王力, 2019. 基于多源遥感数据的生态保护修复项目区监测方法评述[J]. 生态学报, 39(23)：8789-8797.

邓富玲, 王曙光, 徐艳, 2018. 基于多粒度语言变量的山水林田湖生态保护修复项目评价指标体系构建[J]. 西部大开发(土地开发工程研究), 3(1)：15-21.

丁晖, 秦卫华, 2008. 生物多样性评估指标及其案例研究[M]. 北京：中国环境科学出版社.

董安涛，史正涛，苏旺德，等，2015. 南汀河流域生态恢复潜力评价[J]. 生态经济，31
　　（10）：116-120.

傅伯杰，2020. 系统重构"山水林田湖草"调查体系[N]. 中国自然资源报，2020-11-10
　　（3）.

傅伯杰，张军泽，2024. 全球及中国可持续发展目标进展与挑战[EB/OL].（2024-06-27）
　　［2024-09-20］. http：//cn. chinagate. cn/news/2024-06/27/content_ 117233490. shtml.

高世昌，苗利梅，肖文，2018. 国土空间生态修复工程的技术创新问题[J]. 中国土地（08）：
　　32-34.

国家发改委，国家统计局，环境保护部，等，2022. 发展改革委印发《绿色发展指标体系》
　　《生态文明建设考核目标体系》［EB/OL].（2016-12-12）［2022-3-12］. https：//www. gov.
　　cn/xinwen/2016-12/22/content_ 5151575. htm.

国家发展改革委，2020. 关于印发《美丽中国建设评估指标体系及实施方案》的通知（发改环
　　资〔2020〕296 号）［EB/OL].（2020-2-28）［2022-3-15］. https：//www. gov. cn/zhengce/
　　zhengceku/2020-03/07/content_ 5488275. htm.

国家发展改革委，自然资源部，等，2020. 重要生态系统保护和修复重大工程总体规划
　　（2021—2035 年）［EB/OL].（2020-06-12）［2022-09-20］. http：//big5. www. gov. cn/gate/
　　big5/www. gov. cn/zhengce/zhengceku/2020-06/12/5518982/files/ba61c7b9c2b3444a9765a248b
　　0bc334f. pdf.

国家环保总局，2003. 关于印发《生态县、生态市、生态省建设指标（试行）》的通知（自
　　2010 年 12 月 22 日起废止）［EB/OL].（2003-5-23）［2022-3-16］. https：//www. mee. gov.
　　cn/gkml/zj/wj/200910/t20091022_ 172195. htm.

国家林业和草原局，2021. "十四五"林业草原保护发展规划纲要［EB/OL].（2021-12-14）
　　［2022-09-23］. http：//wwwf. orestry. govc. n/main/5461/20210819/091113145233764. html.

国家林业局办公室，2017. 国家林业局办公室关于印发《联合国森林战略规划（2017-2030
　　年）》的通知（办合字〔2017〕148 号）［EB/OL].（2017-08-25）［2022-02-15］. https：//
　　www. gov. cn/xinwen/2017-08/31/content_ 5221450. htm#：~：text＝%E3%80%8A%E8%
　　81%94%E5%90%88%E5%9B%BD%E6%A3%AE%E6%9E%97%E6%88%98%E7%95%
　　A5，%E6%8F%90%E4%BE%9B%E4%BA%86%E5%85%A8%E7%90%83%E6%A1%86%
　　E6%9E%B6%E3%80%82.

郝庆，2022. 以流域为单元的山水林田湖草沙一体化保护修复[J]. 中国国土资源经济
　　（9）：31-36

郝彧，2024. 地方性知识生产与重构：西南民族传统生态文化及其当代价值[J]. 云南民族
　　大学学报(哲学社会科学版)，41(1)：85-94.

环境保护部，2013. 关于印发《国家生态文明建设试点示范区指标（试行）》的通知[EB/
　　OL].（2013-5-23）［2022-3-16］. https：//www. mee. gov. cn/gkml/hbb/bwj/201306/W0201
　　30603491729568409. pdf.

黄寒江，葛大兵，肖智华，2018. 洞庭湖生态经济区景观生态风险评价[J]. 农业现代化研究，39(3)：478-485.

黄贤金，杨达源，2016. 山水林田湖生命共同体与自然资源用途管制路径创新[J]. 上海国土资源，37(3)：1-4.

孔令桥，郑华，欧阳志云，2019. 基于生态系统服务视角的山水林田湖草生态保护与修复——以洞庭湖流域为例[J]. 生态学报，39(23)：8903-8910.

李红举，宇振荣，梁军，等，2019. 统一山水林田湖草生态保护修复标准体系研究[J]. 生态学报，39(23)：8771-8779.

李景刚，何春阳，李晓兵，2008. 快速城市化地区自然/半自然景观空间生态风险评价研究：以北京为例[J]. 自然资源学报，23(1)：33-47.

李淑娟，郑鑫，隋玉正，2021. 国内外生态修复效果评价研究进展[J]. 生态学报，41(10)：4240-4249.

联合国可持续发展大会中国筹委会，2012. 中华人民共和国可持续发展国家报告[EB/OL]. (2012-06/01)[2024-09-20]. http：//www.china.com.cn/zhibo/zhuanti/ch-xinwen/2012-06/01/content_ 25541073. htm.

梁朝铭，曹庆一，杨柳，等，2021. 山水林田湖草生态修复评价指标体系构建——以铜川市为例[J]. 能源与环保，43(7)：105-113.

林野厅(日)，2022. 森林·林業統計要覧2022[R/OL]. (2022-09)[2023-05-21]. https：//www. rinya. maff. go. jp/j/kikaku/toukei/youran_ mokuzi2022. html.

临沧市林业和草原局，2023. "植"此青绿 美意正浓[EB/OL]. (2023-02-15)[2023-09-20]. https：//www. lincang. gov. cn/info/1433/202712. htm.

临沧市林业和草原局，2021. 临沧市"十四五"林业和草原保护发展规划[EB/OL]. (2021-12-30)[2023-06-25]. https：//www. lincang. gov. cn/info/1434/52850. htm.

临沧市林业和草原局，2022. 临沧市林草产业建设渐成气候 全市森林覆盖率达70.2%[EB/OL]. (2022-04-21)[2023-09-20]. https：//www. lincang. gov. cn/info/1029/64024. htm.

临沧市人民政府，2018. 临沧市国家可持续发展议程创新示范区建设方案(2018—2020年)[EB/OL]. (2019-6-19)[2022-3-18]. https：//www. lincang. gov. cn/info/1076/13351. htm.

临沧市生态环境局，2023. 云南省第五生态环境保护督察组向临沧市反馈督察情况[EB/OL]. (2023-02-16)[2023-09-20]. https：//www. lincang. gov. cn/info/4724/203532. htm.

刘世梁，侯笑云，尹艺洁，等，2017. 景观生态网络研究进展[J]. 生态学报，37(12)：3947-3956.

刘世荣，2020. 山水林田湖草系统治理基本方略[N]. 中国绿色时报，2020-10-9(3).

刘世荣，庞勇，张会儒，等，2020. 中国天然林资源保护工程综合评价指标体系与评估方法[J]. 生态学报，41(13)：5067-5079.

刘秀萍，李新宇，李延明，等，2023. 快速城市化地区生态网络构建与优化——以北京市大兴区为例[J]. 生态学报，43(20)：8321-8331.

刘志伟，胡锐，吕雪蕾，等，2022. 关于我国国家公园适宜面积的探讨[J]. 热带生物学报，13(2)：177-184.

罗宾·康迪斯·克雷格，2017. 生态系统管理和可持续发展[M]. 上海：上海交通大学出版社.

罗明，于恩逸，周妍，等，2019. 山水林田湖草生态保护修复试点工程布局及技术策略[J]. 生态学报，39(23)：8692-8701.

罗明，周妍，鞠正山，等，2019. 粤北南岭典型矿山生态修复工程技术模式与效益预评估：基于广东省山水林田湖草生态保护修复试点框架[J]. 生态学报，39(23)：8911-8919.

吕思思，苏维词，赵卫权，等，2019. 山水林田湖生命共同体健康评价——以红枫湖区域为例[J]. 长江流域资源与环境，28(8)：1987-1997.

马蓉蓉，黄雨晗，周伟，等，2019. 祁连山山水林田湖草生态保护与修复的探索与实践[J]. 生态学报，39(23)：8990-8997.

马晓茜，张海夫，郭祖全，2021. 基于民族生态文化视角的云南生态文明建设研究[J]. 生态经济，37(2)：216-221.

潘存德，1994a. 可持续发展的概念界定[J]. 北京林业大学学报，16(sup.1)：3-9

潘存德，1994b. 可持续发展研究概述[J]. 北京林业大学学报，16(sup.1)：42-78.

彭建，党威雄，等，2015. 景观生态风险评价研究进展与展望[J]. 地理学报，70(4)：664-667.

彭建，吕丹娜，张甜，等，2019. 山水林田湖草生态保护修复的系统性认知[J]. 生态学报，39(23)：8755-8762.

彭张林，张爱萍，王素凤，等，2017. 综合评价指标体系的设计原则与构建流程[J]. 科研管理，38(S1)：209-215.

任海，邬建国，彭少麟，等，2000. 生态系统管理的概念及其要素[J]. 应用生态学报，11(3)：455-458.

任月，曹娟娟，曹玉昆，等，2023. 关于山水林田湖草系统运行效率的理论思考[J]. 世界林业研究，36(1)：97-102.

苏维词，杨吉，2020. 山水林(草)田湖人生命共同体健康评价及治理对策——以长江三峡水库重庆库区为例[J]. 水土保持通报，40(5)：209-217.

苏秀丽，2011. 日本森林组合对我国林业合作组织发展的启示[J]. 林业经济(2)：92-96.

汤浩藩，许彦红，艾建林，2019. 云南省森林植被碳储量和碳密度及其空间分布格局[J]. 林业资源管理(5)：37-43.

滕蕴娴，2009. 基于层次分析法的区域可持续发展指标体系的研究[D]. 天津：天津大学.

涂宏涛，周红斌，马国强，等，2023. 基于第九次森林资源清查的云南森林碳储量特征研究[J]. 西北林学院学报，38(3)：185-193.

汪延彬，何瑞东，王娅妮，等，2023. 山水林田湖草生态保护修复工程绩效评价体系研究[J]. 商业会计(4)：61-66.

王波，王夏晖，2017. 推动山水林田湖生态保护修复示范工程落地成效——以河北围场县为例[J]. 环境与可持续发展, 42(4)：11-14.

王登举, 刘世荣, 何友均, 等, 2022. 关于山水林田湖草沙系统治理的战略思考[J]. 林草政策研究, 2(4)：8-14.

王登举, 2022. 我国生态保护修复实现历史性转变[N]. 光明日报, 2022-10-13(15).

王娟, 崔保山, 刘杰, 等, 2008. 云南澜沧江流域土地利用及其变化对景观生态风险的影响[J]. 环境科学学报(2)：269-277.

王美力, 2017. 河北省国有林场与社会经济发展水平及协调度测定研究[D]. 北京：北京林业大学.

王鹏, 何友均, 王登举, 等, 2022. 山水林田湖草沙一体化保护和系统治理成效及其问题应对[J]. 林业科技通讯(10)：40-44.

王涛, 肖彩霞, 刘娇, 等, 2020. 云南高原湖泊杞麓湖动态演变及景观生态风险评价[J]. 浙江农林大学学报, 37(1)：9-17.

王铁柱, 2021. 习近平生态文明思想的理论创新[J]. 理论导刊, 16(2)：11-16.

王佟, 杜斌, 李聪聪, 等, 2021. 高原高寒煤矿区生态环境修复治理模式与关键技术[J]. 煤炭学报, 46(1)：230-244.

王夏晖, 何军, 饶胜, 等, 2018. 山水林田湖草生态保护修复思路与实践[J]. 环境保护, 46(Z1)：17-20.

王玉莹, 沈春竹, 金晓斌, 等, 2019. 基于 MSPA 和 MCR 模型的江苏省生态网络构建与优化[J]. 生态科学, 38(2)：138-145.

吴臣辉, 2015. 近代以来怒江流域森林破坏的历史原因考察[J]. 贵州师范学院学报, 31(7)：11-15.

吴茂全, 胡蒙蒙, 汪涛, 等, 2019. 基于生态安全格局与多尺度景观连通性的城市生态源地识别[J]. 生态学报, 39(13)：4720-4731.

吴长文, 陈年绍, 1994. 可持续发展的由来与实践[J]. 南昌水专学报, 13(2)：44-49, 75

谢和生, 何亚婷, 何友均, 2021. 我国林业碳汇交易现状、问题与政策建议[J]. 林草政策研究, 1(3)：1-9.

徐飞, 焦玉国, 唐丽伟, 等, 2022. 泰安市山水林田湖草生态修复区废弃露天矿山治理模式与技术体系研究[J]. 山东国土资源, 38(6)：63-71.

许单云, 何亚婷, 谢和生, 等, 2023. SDGs 框架下山水林田湖草系统治理评估指标体系——以临沧市可持续发展议程创新示范区为例[J]. 林业科技通讯, 21(9)：52-59

阳文锐, 王如松, 黄锦楼, 等, 2007. 生态风险评价及研究进展[J]. 应用生态学报, 18(8)：1869-1876.

杨贵芳, 郭斌, 章奕忠, 等, 2023. 宿迁市山水林田湖草系统治理生态修复模式研究[J]. 黑龙江生态工程职业学院学报, 36(1)：1-7.

杨凯, 曹银贵, 冯喆, 等, 2021. 基于最小累积阻力模型的生态安全格局构建研究进展[J]. 生态与农村环境学报, 37(5)：555-565.

杨克磊，张建芳，杨晓帆，等，2008. 唐山市南湖生态示范区景观生态风险评价[J]. 环境科学研究，30(3)：104-109.

杨锐，曹越，2019. "再野化"：山水林田湖草生态保护修复的新思路[J]. 生态学报，39(23)：8763-8770.

杨志广，蒋志云，郭程轩，等，2018. 基于形态空间格局分析和最小累积阻力模型的广州市生态网络构建[J]. 应用生态学报，29(10)：3367-3376.

叶艳妹，陈莎，边微，等，2019. 基于恢复生态学的泰山地区"山水林田湖草"生态修复研究[J]. 生态学报，39(23)：8878-8885.

于成龙，刘丹，冯锐，等，2021. 基于最小累积阻力模型的东北地区生态安全格局构建[J]. 生态学报，41(1)：290-301.

俞孔坚，1999. 生物保护的景观生态安全格局[J]. 生态学报，19(1)：8-15.

虞慧怡，张林波，李岱青，等，2020. 生态产品价值实现的国内外实践经验与启示[J]. 环境科学研究，33(3)：685-690.

曾端祥，2005.《千年发展目标》(MDGs)的全球战略意义——纪念 MDGs 实施五周年[J]. 长江论坛，21(6)：4-6

曾辉，刘国军，1999. 基于景观结构的区域生态风险分析[J]. 中国环境科学，32(5)：454-457.

张进德，2018. 科学实施山水林田湖草沙生态保护与修复工程[J]. 水文地质工程地质，45(3)：3.

张盼月，丁依冉，蔡雅静，等，2022. 河流生态廊道提取方法研究及其应用思路[J]. 生态学报，42(5)：2010-2021.

张琦，余国培，2006. 联合国千年生态评估及其启示[J]. 世界地理研究，15(4)：1-5.

张仕超，周仪琪，李英杰，等，2020. 基于 DPSIRM 模型的全域综合整治前后山水林田湖草村健康评价[J]. 重庆师范大学学报(自然科学版)，37(5)：45-58.

张淑霞，吕淑莲，2020. 中卫市山水林田湖草生态保护修复模式探讨[J]. 资源节约与环保，36(10)：35-36.

张思锋，刘晗梦，2010. 生态风险评价方法述评[J]. 生态学报，30(10)：2735-2744.

张杨，杨洋，江平，等，2022. 山水林田湖草生命共同体的科学认知、路径及制度体系保障[J]. 自然资源学报，37(11)：3005-3018.

张翼，王波，2019. 石川河富平(城区段)山水林田湖草综合整治效益评价[J]. 西部大开发(土地开发工程研究)，4(7)：19-24.

张泽伟，2023. 临沧：1793 名河(湖)长守护碧水清流[N]. 临沧日报，2023-11-10(A1).

张志强，程国栋，徐中民，2002. 可持续发展评估指标、方法及应用研究[J]. 冰川冻土，24(4)：344-360.

张志涛，赵荣，2021. 山水林田湖草系统治理的现实思考[J]. 中国林业(6)：76-83.

张中秋，劳燕玲，王莉莉，等，2021. 广西山水林田湖生命共同体的耦合协调性评价[J]. 水土保持通报，41(3)：320-332，365.

赵子忠，2023. 云南省洱海流域山水林田湖草沙一体化保护和修复工程项目启动仪式举行 ［EB/OL］. （2023-02-15）［2023-09-20］. http：//www. zgnj. gov. cn/dlrmzf/c101530/2023 02/54e9e6f44f064539afbc04afec7cf2f5. shtml.

中共中央文献研究室，2017. 习近平关于社会主义生态文明建设论述摘编［M］. 北京：中 央文献出版社.

中共中央宣传部，教育部，2023. 习近平新时代中国特色社会主义思想概论［M］. 北京：高 等教育出版社，人民出版社.

中共中央宣传部，生态环境部，2022. 习近平生态文明思想学习纲要［M］. 北京：学习出 版社，人民出版社.

钟业喜，邵海雁，徐晨璐，等，2020. 基于文献计量分析的流域山水林田湖草生命共同体 研究进展与展望［J］. 江西师范大学学报(自然科学版)，44(1)：95-101.

周宏春，2009. 世界碳交易市场的发展与启示［J］. 中国软科学(12)：39-48.

周妍，陈妍，应凌霄，等，2021. 山水林田湖草生态保护修复技术框架研究［J］. 地学前 缘，28(4)：14-24.

朱隽，常钦，2023. "中国山水工程"累计完成治理面积八千多万亩［EB/OL］. （2023-08-18） ［2023-09-20］. https：//www. gov. cn/yaowen/liebiao/202308/content_ 6898834. htm.

朱启贵，1999. 可持续发展评估［M］. 上海：上海财经大学出版社.

邹长新，王燕，王文林，等，2018. 山水林田湖草系统原理与生态保护修复研究［J］. 生态 与农村环境学报，34(11)：961-967.

Boerema A, Passel S V, Meire P, 2018. Cost-effectiveness analysis of ecosystem management with ecosystem services：from theory to practice ［J］. Ecological Economics(152)：207-218.

Brundtland G H, 1992. Our Common Future ［M］. Oxford University Press.

Gao M W, Hu Y C, Bai Y P, 2022. Construction of ecological security pattern in national land space from the perspective of the community of life in mountain, water, forest, field, lake and grass：A case study in Guangxi Hechi, China［J］. Ecological Indicators, 139, 108867.

Guy Woodward, 2012. Ecological Networks［M］. 北京：科学出版社.

Requena-Mullor J M, Reyes A, Escribano P, et al, 2018. Assessment of ecosystem functioning from space：Advancements in the habitats directive implementation［J］. Ecological Indicators 89：893-902.

Solow R M, 1974. The economics of resource or the resource of economics ［J］. American Econom- ic Review, 64：1-11.

United Nations, 2015. Transforming our World：The 2030 Agenda for Sustainable Development ［EB/OL］. 2015［2022-2-15］. https：//sdgs. un. org/publications/transforming-our-world-2030- agenda-sustainable-development-17981.

Vesa Kytöoja, 2012. 林业——芬兰贸易的主干［EB/OL］. （2012-11）［2022-2-20］. https：//

finland. fi/zh/shangyeyuchuangxin/linyefenlanmaoyidezhugan/.

Yu K J, 1996. Security patterns and surface model in landscape ecological planning[J]. Landscape and Urban Planning, 36(1): 1-17.